화공양론

문제 해설

Calculations in Chemical Engineering
Processes: Problem Solutions

UUP

화공양론 문제해설

- 2018년 10월 4일 **초판 인쇄**
- 2018년 10월 11일 **초판 발행**
- **지은이 류근갑**
- **펴낸이** 오연천
- **펴낸곳 UUP**(울산대학교출판부) 44610 울산광역시 남구 대학로 93(무거동) 울산대학교 출판부
- 전화 (052)259-2488 팩스 (052)277-3011 ▪ **홈페이지** http://uup.ulsan.ac.kr
- **출판등록** 제370-1996-000001호(1996.3.13)
- ₩ 16,000

이도서의 국립중앙도서관 출판도서목록(CIP)은 e-CIP 홈페이지(http://www.nl.go.kr/ecip)에서 이용하실 수 있습니다.(CIP제어번호: CIP2018031126)

ISBN 978.89.7868.945.8 (93570)

머리말

본 저서에서는 학생들이 화공양론 계열 교과목을 수강하는데 도움이 될 수 있도록 핵심적인 문제들을 풀이하는 방법을 설명하였다. 또한 상세한 주제 별로 문제들을 분류해서 필요한 주제별로 문제풀이 해설을 쉽게 찾아서 공부할 수 있도록 구성하였다. 그리고 각각의 주제마다 중요한 식들을 간단한 설명과 함께 모두 수록해서 응용능력을 키울 수 있도록 하였다. 본 저서에 실린 연습문제들은 그동안 강의를 통해서 출제되었던 시험문제들을 중심으로 선택하였다. 비교적 간단한 문제는 각 소단원의 예제로 포함시켰고 보다 복잡한 문제는 각 장의 끝부분에 종합문제로 실었다.

본 저서에 수록되어 있는 각종 data와 도표는 많은 대학교에서 사용하고 있는 교재를 인용했다. (R.H. Felder and R.W. Rousseau, "Elementary Principles of Chemical Processes", John Wiley & Sons, Inc. 2005)

보다 최근의 자료는 "NIST Chemistry WebBook"에서 제공하는 data를 참고할 것을 권장한다.

2018년 10월

류근갑

Terminology 용어 번역

acentric factor 이심인자

absolute pressure 절대압력

adiabatic flame temperature 단열불꽃온도

base unit 기본단위

compound unit 복합단위

compressibility factor z 압축인자

consistency 균일성

conversion 전환율

corresponding state theory 대응상태이론

cubic equation of state 삼차 상태방정식

derived unit 유도단위

dry basis 건기준

dry bulb temperature: 건구온도

extensive property 크기성질

flue gas 연도가스

fusion 용융

g_c 중력환산계수

heat capacity 열용량

input 유입

intensive property 세기성질

latent heat 잠열

limiting reactant 한정반응물

normal boiling point 정상끓는온도

melting 용융

output 유출

overall conversion 총괄전환율

pseudo 유사

reduced pressure 환산압력

sensible heat 현열

single pass conversion 단일통과 전환율

solidification 응고

specific heat capacity 비열

specific gravity 비중

specific weight 비중량

stack gas 굴뚝가스

steady state 정상상태

vacuum pressure 진공압력

wet basis 습기준

wet bulb temperature 습구온도

목 차

제1장
기초

1.1 유효숫자

1) 유효숫자, 추정오차, 값의 추정범위

(1) 소수점이 있는 수의 경우

- 유효숫자: 가장 왼쪽에 있는 0이 아닌 숫자 (자릿수가 가장 높은 숫자) ~ 오른쪽 마지막 0을 포함한 모든 숫자 (자릿수가 가장 낮은 숫자)

- 추정 오차: 가장 낮은 자릿수의 반

숫자	유효숫자의 개수	추정오차	숫자의 추정 범위
2300.	4	± 0.5	2299.5～2300.5
2300.0	5	± 0.05	2299.95～2300.05
0.035	2	± 0.0005	0.0345～0.0355
0.0350	3	± 0.00005	0.03495～0.03505

(2) 소수점이 없는 수의 경우

● 유효숫자: 0이 아닌 가장 왼쪽에 있는 숫자 ~ 0이 아닌 오른쪽 마지막 숫자

숫자	유효숫자의 개수	추정오차	숫자의 추정범위
2300	2	± 50	2250~2350
23040	4	± 5	23035~23045

(3) 과학적 기수법으로 정확하게 유효숫자 나타내기

숫자	유효숫자의 개수	과학적기수법 표기
2300	2	2.3×10^3
2300.0	5	2.3000×10^3
0.035	2	3.5×10^{-2}
0.0350	3	3.50×10^{-2}
23040	4	2.304×10^2

2) 오차를 가지고 있는 수들의 계산결과 값의 유효숫자

(1) 간단한 계산

● 덧셈과 뺄셈: 계산 결과 값의 가장 오른쪽 유효숫자의 자리 (가장 낮은 자리)는 계산 전 각 숫자들의 마지막 유효숫자 중 가장 높은 자리와 같다.

● 곱셈과 나눗셈: 계산 결과 값의 유효숫자의 개수는 곱셈과 나눗셈에 사용된 숫자 중 가장 적은 유효숫자의 개수와 같다.

(2) 복잡한 계산 결과 값의 유효숫자 결정방법

오차를 가지고 있는 숫자에 대한 모든 계산을 다음의 일반적인 순서에 따라 실시하면 계산 결과 값의 유효숫자와 오차의 크기를 판단할 수 있다.

- 숫자들을 이용해서 주어진 식의 값 (Val)을 계산한다. 계산 결과 값을 임의의 자리에서 너무 짧게 끊지 않도록 한다.
- 주어진 숫자들의 유효숫자와 오차범위를 고려해서 계산결과의 최댓값 (Max)을 구한다.
- 주어진 숫자들의 유효숫자와 오차범위를 고려해서 계산결과의 최솟값 (Min)을 구한다.
- 계산 결과의 오차를 다음과 같이 계산한다.

  오차 = (Max-Min)/2

- 계산 결과 값은 Val ± 오차의 숫자가 된다. 따라서 오차 값의 최대 자릿수보다 한 자리 위의 자릿수부터 위쪽으로 유효숫자가 된다. 오차를 고려한 계산결과는 오차 값의 최대자리에서 반올림한다.

(예제) 간단한 계산 결과 값의 유효숫자 계산

부피가 0.955 mL이고 질량이 1.005 g인 액체의 밀도 (g/mL)를 계산하시오.

(풀이-1)

밀도 = 질량/부피 = 1.005/0.955 = 1.0523.....

분자의 유효숫자는 4개이고 분모의 유효숫자는 3개이므로 계산 값의 유효숫자는 3개이다. 따라서 답은 1.05

(풀이-2) 일반적인 과정을 사용한다.

① 계산값: Val = 1.005/0.955 = 1.0523.....

② 최댓값: Max = 1.0055/0.9545 = 1.05343....

③ 최솟값: Min = 1.0045/0.9555 = 1.05128..

④ 오차 = (Max-Min)/2 = (1.05343 - 1.05128..)/2 = 0.00215..

즉 계산 결과 값은 ±0.00215...의 오차를 가진다.

⑤ 계산값과 오차를 비교한다: Val = 1.0523.....
오차 = ±0.00215...

⑥ 최종적인 계산 결과는 소수점 이하 셋째 자리의 숫자 2에서 반올림한 1.05이며 유효숫자의 개수는 세 개이다.

(예제) 간단한 계산 결과 값의 유효숫자 계산

12.56 - 2.3 의 계산결과를 유효숫자로 나타내시오.

(풀이-1) 12.56 - 2.3 = 10.26이다.

그러나 숫자 12.56의 유효숫자 중 가장 낮은 자리는 소수 2둘째자리이고 숫자 2.3의 유효숫자 중 가장 낮은 자리는 소수 첫째자리이므로 계산 결과 값은 소수 첫째자리가 가장 낮은 유효숫자 자리이다. 따라서

답: 10.3

(풀이-2) 일반적인 과정을 사용한다.

① 계산값: Val = 12.56 - 2.3 = 10.26

② 최댓값: Max = 12.565 - 2.25 = 10.315

③ 최솟값: Min = 12.555 - 2.35 = 10.205

④ 오차 = (Max-Min)/2 = (10.315 - 10.205)/2 = 0.055

즉 계산 결과 값은 ±0.055의 오차를 가진다.

⑤ 계산값과 오차를 비교한다: Val = 10.26

오차 = ±0.055

⑥ 최종적인 계산 결과는 소수점 이하 둘째자리의 6을 반올림한 10.3이며 유효숫자의 개수는 세 개이다.

(예제) 복잡한 계산식 결과 값의 유효숫자 계산

다음식의 결과 값 y를 유효숫자로만 나타내시오.

y = 2.3 log (35.5/2.3)

(풀이) ① 계산값: y = 2.3 log (35.5/2.3) = 2.733551......

② 최댓값: y_{max} = 2.35 log (35.55/2.25) = 2.816844....

③ 최솟값: y_{min} = 2.25 log (35.45/2.35) = 2.651733....

④ 오차 = (y_{max} - y_{min})/2 = (2.816844....- 2.651733....)/2 = 0.0825...

즉 계산 결과 값은 ±0.0825...의 오차를 가진다.

⑤ 계산값과 오차를 비교한다: y = 2.733551......

오차 = ±0.0825...

계산 결과 값의 소수 둘째자리 수 3 이하부터 부정확한 숫자이다. 따라서 소수 둘째자리에서 반올림한다.

⑥ 최종적인 계산 결과는 2.7이며 유효숫자의 개수는 두개이다.

(예제) 복잡한 계산식 결과 값의 유효숫자 계산

다음식의 y값을 유효숫자로만 나타내시오.

y = 30.5 exp (820/350.)

(풀이) ① 계산값: y = 30.5 exp (820/350.) = 317.5337...

② 최댓값: y_{max} = 30.55 exp (825/349.5) = 323.720...

③ 최솟값: y_{min} = 30.45 exp (815/350.5) = 311.48...

④ 오차 = $(y_{max} - y_{min})/2$ = 6.119

즉 계산 결과 값은 ±6.12의 오차를 가진다.

⑤ 계산값과 오차를 비교한다: y = 317.5337

오차 = ±6.12

⑥ 최종적인 계산 결과는 일의 자릿수 7을 반올림한 320이며 유효숫자의 개수는 두 개다.

★결과 값에 소수점을 찍지 않도록 주의 한다.

(예제) 복잡한 계산식 결과 값의 유효숫자 계산

다음식의 y값을 유효숫자로만 나타내시오.

y = sin (180/1.5)

(풀이) ① 계산값: $y = \sin(180/1.5) = 0.866...$

② 최댓값: $y_{max} = \sin(175/1.55) = 0.92...$

③ 최솟값: $y_{min} = \sin(185/1.45) = 0.79...$

④ 오차 = $(y_{max} - y_{min})/2 = 0.064$

즉 계산 결과 값은 ±0.064의 오차를 가진다.

⑤ 계산값과 오차를 비교한다: $y = 0.866...$

오차 = ±0.064

⑥ 최종적인 계산 결과는 소수점 이하 둘째 자릿수 6을 반올림한 0.9이며 유효숫자의 개수는 한 개다.

※ $\sin\theta$ 값은 $90^{\circ} < \theta < 180^{\circ}$일 경우 감소함수이다.

(예제) 특수한 경우의 유효숫자 계산

액체의 밀도 (ρ)가 0.85 kg/L일 때 이 액체의 밀도의 역수인 비용 ($\hat{V}$, Specific Volume)을 L/kg의 단위로 유효숫자를 고려해서 계산하시오.

(풀이) $\hat{V} = \dfrac{1}{\rho} = \rho^{-1} = 1/0.85$

※ 위 식의 분자 1은 오차를 가지고 있는 숫자가 아니다.

$\hat{V} = 1/0.85 = 1.176$

$\hat{V}_{max} = 1/0.845 = 1.183$

$\hat{V}_{min} = 1/0.855 = 1.169$

오차 = $(1.183 - 1.169)/2 = 0.007$

∴소수 셋째자리 6에서 반올림하면 $\hat{V}$ = 1.18 L/kg

(예제) 특수한 경우의 유효숫자 계산

다음 식에서 T = 100℃에서 y값을 유효숫자를 고려해서 구하시오.

$$y = 1.2 \times 10^5 \exp\left(-\frac{2250}{1.98\,T(℃)}\right)$$

(풀이)

$$y = 1.2 \times 10^5 \exp\left(-\frac{2250}{1.98 \times 100℃}\right) = 1.39321...$$

$$y_{max} = 1.25 \times 10^5 \exp\left(-\frac{2245}{1.985 \times 100℃}\right) = 1.531...$$

$$y_{min} = 1.15 \times 10^5 \exp\left(-\frac{2255}{1.975 \times 100℃}\right) = 1.264...$$

오차 = (1.531.. - 1.264..) = 0.133...

∴ 소수 첫째자리 3에서 반올림하면 y = 1

※ 위 식에서 온도 = 100℃는 지정된 값이므로 오차가 있는 숫자가 아니다.

1.2 단위와 차원 (Unit and Dimension)

1) 단위의 종류

(1) 기본단위 (Base Unit)

길이, 질량, 온도, 시간 등의 기본차원을 나타내기 위한 단위. 국제표준단위체계 (SI Unit system), CGS 체계, 미국공학체계 (American Engineering System)등 세 가지 종류의 기본단위 체계가 사용됨

차원 (Dimension)	SI Unit system	CGS system	American Engineering System (fps)
Length (L)	meter (m)	centimeter (cm)	foot (ft)
Mass (M)	kilogram (kg)	gram (g)	pound-mass (lb_m)
Time (t)	second (s)	second (s)	second (s)
Temperature (T)	Kelvin (°K)	Kelvin (°K)	Rankine (°R)

(2) 복합단위 (Compound Unit)와 유도단위 (Derived Unit)

- 복합단위 (Compound Unit): 기본단위의 곱이나 분수로 조합된 단위

- 유도단위 (Derived Unit): 복합단위 (Compound Unit)를 간단하게 나타내기 위해서 정의된 단위

Quantity	Dimension	Derived Unit		Compound Unit
		Name	Symbol	
Volume	L^3	Liter	L	10^{-3} m^3
Force	$M\,L/t^2$	Newton	N	1 $kg\,m/s^2$
Pressure	$M/(L\,t^2)$	Pascal	Pa	1 N/m^2 = 1 $kg/(m\,s^2)$
Energy	$M\,L^2/t^2$	Joule	J	1 $N\,m$=1 $kg\,m^2/s^2$
Power	$M\,L^2/t^3$	Watt	W	1 J/s=1 $kg\,m^2/s^3$

(3) 힘 (Force)

힘의 정의: 물체의 질량 (m)과 그 물체의 가속도 (a)의 곱.

$$\text{Force} = m \cdot a$$

힘의 차원 (Dimension of Force) = $M \cdot L/t^2$

힘의 표준 유도단위: N (Newton) = 1 $kg \cdot m/s^2$

힘의 다른 단위: 1 lb_f = 32.174 $lb_m \cdot ft/s^2$

1 kg_f = 9.8 $kg \cdot m/s^2$ = 9.8 N

※ 위도 45도 해수면에서 표준중력가속도 = 9.8 m/s^2 또는 32.174 ft/s^2 이다.

(4) 에너지

에너지: 물체에 가해진 힘 (F)과 그 힘에 의해서 물체가 움직인 거리 (d)의 곱

$$\text{Energy} = F \cdot d$$

에너지의 차원 (Dimension of Energy) = $M \cdot L^2/t^2$

에너지의 표준단위: J (Joule) = 1 N·m = 1 $kg \cdot m^2/s^2$

에너지의 다른 단위: 1 cal = 4.184 J, 1 Btu = 1055 J

(5) 일률 (Power)

일률: 단위시간 당 전달된 에너지의 크기

Power 또는 Rate of Energy = energy/time

일률의 차원 (Dimension of Power) = $M \cdot L^2/t^3$

일률의 표준단위: W (Watt) = 1 J/sec = 1 $kg \cdot m^2/s^3$

일률의 다른 단위: 1 hp (마력) = 745.7 J/s (W)

2) 단위 변환인자 (Conversion Factor)

SI System과 American Engineering System (fps)사이의 단위 변환인자

Quantity	SI	fps	SI vs fps
Length	1 m=10^9 nm=10^{10} Å 1 km=1000 m	1 ft=12 in 1 yd=3 ft=36 in	1 m=3.281 ft 1 ft=0.305 m
Mass	1 kg=1000 g 1 metric ton=1000 kg	1 lb_m=16 oz 1 ton=2000 lb_m	1 kg=2.205 lb_m 1 lb_m=0.454 kg
Volume	1 m^3=1000 L	1 ft^3=7.48 gal	1 m^3=35.31 ft^3 1 ft^3=0.0283 m^3
Force	1 N=1 kg·m/s^2 1 dyne=1 g·cm/s^2 1 N=10^5 dynes 1 kg_f=9.8 kg·m/s^2=9.8 N	1 lb_f=32.17 lbm ft/s^2	1 N=0.225 lb_f 1 lb_f=4.45 N
Pressure	1 Pa=1 N/m^2 1 atm=1.013x10^5 Pa 1 bar=10^5 Pa 1 atm=1.013 bar	1 psi=1 lb_f/in^2	1 atm = 14.7 psi 1 psi=0.068 atm
Energy	1 J=1 N·m 1 erg=1 dyne·cm 1 J=10^7 ergs 1 J=0.239 cal 1 cal=4.184 J	1 Btu=778 ft·lb_f	1 J=9.48x10^{-4} Btu 1 Btu=1055 J =252 cal
		1cal = 4.184 J	

※ 1 Btu (British Thermal Unit): 물 1 lb_m의 온도를 1 °F 높이기 위해서 필요한 에너지.

※ 1 calorie: 물 1 gram의 온도를 1 °C 높이기 위해서 필요한 에너지.

※ hp = horsepower (마력)

3) 차원 균일성 (Dimensional Homogeneity)

식의 우변과 좌변의 모든 항들은 차원과 단위가 같아야 한다.

(예) 식 $V = V_o + gt$의 경우 차원균일성을 만족하기 위해서 다음의 단위와 차원을 가진다.

$V\ (m/s) = V_o\ (m/s) + g(m/s^2)t(s)$

(1) 무차원 변수:

다수의 변수들의 조합으로 정의되어 차원이 없는 공학적으로 중요한 의미를 가지는 변수들

Name	부호	식	변수들	응용분야
Mach number	Ma	$\frac{v}{v_{sound}}$	v (m/s) 속도 v_{sound} (m/s) 음속	
Nusselt number	Nu	$\frac{hd}{k}$	h (J/(s m^2 °K)) 열전달계수 d (m) 거리	열전달
Prandtl number	Pr	$\frac{C_p\mu}{k}$	C_p (J/(kg°K)) 비열	열전달
Reynolds number	Re	$\frac{vL\rho}{\mu}$	v (m/s) 속도 L (m) 길이	유체역학
Schmidt number	Sc	$\frac{\mu}{\rho D}$	D (m^2/s) 확산계수	물질전달
Sherwood number	Sh	$\frac{KL}{D}$	K (m/s) 물질전달계수 L (m) 길이 D (m^2/s) 확산계수	물질전달

ρ (kg/m^3) 밀도 μ (N s/m^2) 점도 k (J/(s m °K)) 열전도도

(2) 무차원 항들

차원이 없는 수학적인 항들

- 지수함수 자체와 지수 (2 and y in x^2, 3^y)
- 초월함수 (log, exp, sin)
- 초월함수들의 변수 x (ln x, sin x, e^x)

(예) 식 y (meter) = 3 log x 에서

숫자 3의 단위 = meter
무차원 변수 = x, 무차원 함수 = log x

식 y (meter) = 4 exp (x) 에서

숫자 4의 단위 = meter
무차원 변수 = x, 무차원 함수 = exp (x)

(예제) 힘의 단위

질량이 10 kg인 물질의 지구표면에서의 무게 (힘) w를 N, kg_f, 및 lb_f 단위로 구하시오.

(풀이) $w\,(N) = mg = 10\,kg \times 9.8\,m/s^2 = 98\,kg\;m/s^2 = 98\,N$

$$w\,(kg_f) = 98\,N\,\frac{1\,kg_f}{9.8\,N} = 10\,kg_f$$

$$w\,(lb_f) = 10\,kg\,\frac{1\,lb_m}{0.454\,kg}\,\frac{32.174\,ft/s^2}{}\,\frac{1\,lb_f}{32.174\,lb_m\,ft/s^2} = 22\,lb_f$$

※ 중력가속도가 9.8 m/s^2인 지표면에서 물체가 받는 중력의 값은 kg_f 단위로는 kg 질량 값과 같고 lb_f 단위로는 lb_m 질량 값과 같다.

(예제) 힘의 단위

달 표면에서의 중력가속도는 지구중력가속도의 약 1/6이다. 질량이 10 kg인 물질의 달 표면에서의 무게 (힘) w를 N, kg_f, 및 lb_f 단위로 구하시오.

(풀이) 달 표면에서의 중력가속도 g $= 9.8\,m/s^2 \div 6 = 1.63\,m/s^2$

$$w\,(N) = mg = 10\,kg \times 1.63\,m/s^2 = 16.3\,kg\;m/s^2 = 16.3\,N$$

$$w\,(kg_f) = 16.3\,N\,\frac{1\,kg_f}{9.8\,N} = 1.66\,kg_f$$

$$w\,(lb_f) = 10\,kg\,\frac{1\,lb_m}{0.454\,kg}\,\frac{32.174\,ft/s^2}{6}\,\frac{1\,lb_f}{32.174\,lb_m\,ft/s^2} = 3.67\,lb_f$$

(예제) 단위변환

다음 숫자 $23\,lb_m\,ft/\min^2$을 $kg\,cm/s^2$로 변환하시오.

(풀이)

$$\frac{23\,lb_m \cdot ft}{\min^2}\,\frac{0.454\,kg}{1\,lb_m}\,\frac{30.48\,cm}{1\,ft}\,\frac{1\min^2}{60^2\,s^2} = \frac{23\times 0.454\times 30.48}{60^2}\,\frac{kg \cdot cm}{s^2} = 0.088\,\frac{kg \cdot cm}{s^2}$$

(예제) 단위변환

값 2.36 x 10^{-4} $kg \cdot m^2/h$를 각 단위가 미국공학단위 (American engineering system)로 변환 되었을 때의 값을 구하시오.

(풀이) $$\frac{2.36\times 10^{-4}\,kg \cdot m^2}{h}\,\frac{1\,lb_m}{0.454\,kg}\left(\frac{3.2808\,ft}{1\,m}\right)^2\frac{1\,h}{3600\,s} \approx \frac{1.6\times 10^{-6}\,lb_m \cdot ft^2}{s}$$

(예제) 무차원변수와 차원 균일성

Methanol의 증발열 (H_v)은 다음과 같은 온도의 함수로 나타낼 수 있다.

H_v (kJ/mol) = 37 $[(513 - T(K))/175]^{0.38}$

숫자 37, 513, 175의 단위는?

(풀이) 지수는 무차원 변수이므로 513K, 175K
위 식의 좌변과 우변의 차원이 동일해야하므로 37의 단위는 H_v와 같은 kJ/mol

(예제) 차원의 균일성

화학반응 A → B 에서 반응물질 A의 농도 C_A (g/L)는 반응시간 t (min)의 함수로 다음과 같이 나타낼 수 있다. $\ln (C_A - C_{Ae}) = a - kt$
상수 a와 k의 단위를 구하시오.

(풀이)

식 좌변 $\ln (C_A - C_{Ae})$는 무차원 항이다. 따라서 a = 무차원상수, k의 단위는 min^{-1}

종합문제

(문제) 차원의 균일성

길이 D와 시간 t사이의 관계식: D (ft) = 3 t (s) + 4에서

① 상수 3과 4의 단위는?

② D의 단위는 m, t의 단위는 min이 되도록 위 식을 바꾸시오.

(풀이)

① 좌변과 우변의 각 항의 차원과 단위가 동일해야 하므로 D, 3t, 4의 단위는 모두 ft가 되어야 한다. 따라서 상수 3의 단위는 ft/s 상수 4의 단위는 ft이다.

② 새로운 변수를 D' (m)와 t' (min)라고 정하고 이들 변수의 단위를 ft와 s로 변환하여 위의 식에 각각 대입힌다.

$$D(ft) = \frac{D'(m)\ 3.28\,ft}{1\,m} = 3.28\,D'(m) \qquad t(s) = \frac{t'(\mathrm{min})\ 60\,s}{1\,\mathrm{min}} = 60\,t'(\mathrm{min})$$

$$3.28\,D'(m) = 3(60\,t'(\mathrm{min})) + 4$$

이 식을 정리하면

$$D'(m) = 55\,t'(\mathrm{min}) + 1.22$$

(문제) 무차원 변수

반응속도 k와 온도 T의 관계식은 다음과 같다.

$$k\left(\frac{mol}{cm^3 \cdot s}\right) = 1.2\times10^5 e^{\left(-\frac{20000}{1.987T}\right)}$$

숫자 20000의 단위는 cal/mol, 온도 T의 단위는 K일 때 계수 1.2x10^5 와 숫자 1.987의 단위는?

(풀이)

exp 함수 값과 지수는 무차원이므로 계수 1.2x10^5 과 k는 단위가 같다. 그리고 지수 (-2000/1.987T)는 무차원 값이다. 따라서 계수 1.2x10^5의 단위는 $\frac{mol}{cm^3 \cdot s}$ 1.987의 단위는 $\frac{cal}{mol \cdot K}$ 이다

(문제) 단위변환과 차원의 균일성

액체의 증기압 P (mmHg)는 다음 Antoine식에 의해서 온도 T(℃)의 함수로 나타낸다. $P(mmHg) = 10^{7.13 - \frac{1220}{23 + T(℃)}}$

① 식의 숫자 7.13, 1220, 23의 단위는?

② 압력 P의 단위는 psi, 온도 T의 단위는 °F가 되도록 식을 수정하시오.

T'(°F) = 1.8 T(℃) + 32

(풀이) ① 식의 우변항 지수는 무차원 값이다. 따라서

7.13 → 무차원 숫자, 23 (℃), 1220 (℃)

※ 우변의 지수 전체도 무차원 값을 가지므로 지수의 계수 1의 단위가 P의 단위와 같은 mmHg이다.

② T(℃) = (T'(°F) - 32)/1.8 를 식에 대입하면

$$P = 10^{7.13 - \frac{1220}{23 + \frac{T'(^\circ F) - 32}{1.8}}} mmHg$$

$$\text{P (psi)} = 10^{7.13 - \frac{2196}{9.4 + T'(^\circ F)}} \text{ mmHg x 14.7 psi/760 mmHg}$$

최종식: $\text{P (psi)} = 0.019 \times 10^{7.13 - \frac{2196}{9.4 + T(^\circ F)}}$

(문제) 단위변환

화학반응 A → B 에서 반응물질 A의 농도 C_A (mol/L)는 반응시간 t (min)의 함수로 다음과 같이 나타낼 수 있다. $C_A = 1.25\ e^{-kt}$

이식에서 반응시간 t의 단위가 s가 되는 식을 유도하시오.

(풀이) 반응시간이 t' (s)로 주어지면, t (min) = t' (s)/60

$$C_A = 1.25 e^{-0.4\frac{t'(s)}{60}} = 1.25 e^{-0.0067t'(s)} \rightarrow C_A(mol/L) = 1.25 e^{-0.0067t(s)}$$

(문제) 단위변환과 차원의 균일성

반투과막 (semipermeable membrane)을 통한 기체의 확산계수 D (cm^2/s)는 막의 온도 T (K)와 다음과 같은 관계가 있다. D = 4.6×10^4 exp (-30000/RT)

R = 8.314 J/(mol·K)

① 위식의 숫자 4.6×10^4 와 30000의 단위는 무엇인가?

② 확산계수와 온도의 단위가 D (ft^2/s)와 T (°F)가 되도록 위식을 변환하시오.

(풀이)

① 양변의 각 항의 단위가 동일하고 exp 값이 무차원인 것을 고려하면 4.6×10^4 cm^2/s, 30000 J/mol

② T (K) = (T'(°F) - 32) / 1.8 + 273

$$D(cm^2/s) = 4.6\times10^4 \exp\left(\frac{-30,000}{RT(K)}\right) = 4.6\times10^4 \exp\left(\frac{-30,000}{8.314\left(\frac{T'(^oF)-32}{1.8}+273\right)}\right)$$

$$= 4.6\times10^4 \exp\left(\frac{-30,000}{4.618\,T'(^oF)+2121.9}\right)$$

$$D'\ (ft^2/s) = D\ (cm^2/s)\ \mathrm{x}\ \frac{1\,ft^2}{(30.5\,cm)^2}$$

$$= 4.6\times10^4 \exp\left(\frac{-30,000}{4.619\,T'(^oF)+2121.9}\right)\frac{cm^2}{s}\ \frac{1\,ft^2}{(30.5\,cm)^2}$$

$$= 49.4 \exp\left(\frac{-30,000}{4.619\,T'(^oF)+2121.9}\right)\frac{ft^2}{s}$$

최종식 → $D\ (ft^2/s) = 49.4 \exp\left(\frac{-30,000}{4.619\,T(^oF)+2121.9}\right)$

(문제) 단위변환과 차원의 균일성

어느 액체의 밀도 (ρ)와 압력 (P)의 함수식이 다음과 같다.

$$\rho\ (kg/m^3) = 850.2\ \exp\ (1.21\ \mathrm{x}\ 10^{-5}\ P\ (atm))$$

① 숫자 $1.21\ \mathrm{x}\ 10^{-5}$ 과 850.2의 단위는?

② P가 12.35 atm일 때 ρ (kg/m^3) 값의 유효숫자를 계산하시오.

(풀이)

① 지수와 exp 함수 값은 단위가 없으므로 $1.21\ \mathrm{x}\ 10^{-5}\ atm^{-1}$, 850.2 kg/m^3

② 복잡한 계산이므로 일반적인 과정을 거쳐서 값을 구한다.

- 계산값: Val = 850.2 exp (1.21 x 10^{-5} x 12.35) = 850.32705...
- 최댓값: Max = 850.25 exp (1.215 x 10^{-5} x 12.35) = 850.377...
- 최솟값: Min = 850.15 exp (1.205 x 10^{-5} x 12.35) = 850.276...
- 오차 = (Max-Min)/2 = 0.05

즉 계산 결과 값은 ±0.05의 오차를 가진다.

- 계산값과 오차를 비교한다: Val = 850.32705...

  오차 = ±0.05

- 최종적인 계산 결과는 소수점 이하 두 번째 자릿수 2를 반올림한 850.3이며 유효숫자의 개수는 4 개다.

※ P값 12.35 atm은 주어진 숫자이므로 오차가 없는 숫자이다.

제2장

공정변수

2.1 유속과 농도

1) 유속의 종류

- 질량유속 ($\dot{m}$)의 단위: kg/s
- 부피유속 ($\dot{V}$)의 단위: m^3/s
- 질량유속과 부피유속의 관계식: $\dot{m} = \rho\dot{V}$

  $\dot{V} = uS$ $\dot{m} = \rho uS$

  ρ = 물질의 밀도, u = 선속도, S = 관의 수직단면적

- 정상상태 (steady state)에서 두 지점 1, 2에서 질량유속은 같다.

  $\dot{m}_1 = \rho_1 u_1 S_1 = \rho_1 \dot{V}_1$

  $\dot{m}_2 = \rho_2 u_2 S_2 = \rho_2 \dot{V}_2$

  $\rho_1 u_1 S_1 = \rho_2 u_2 S_2$

2) 혼합물의 농도

- 몰 (Number of Moles, mol): 원자나 분자의 1 mol은 원자의 원자량이나 분자의 분자량에 해당하는 gram 질량이며 1 mol에는 원자나 분자가 $6x10^{23}$ 개 (Avogadro 수) 존재한다.

(1) 몰분율 (Mole Fraction, y_i)

각 물질의 mol수를 혼합물을 구성하고 있는 모든 물질들의 총 mol수로 나눈 값. 기체혼합물의 조성을 나타내기 위해서 주로 사용

$$y_i = \frac{moles\,of\,component\,i}{total\,moles\,of\,mixture}$$

$$\sum_i y_i = 1$$

(2) 질량분율 (Mass Fraction, x_i)

각 물질의 질량을 전체 혼합물의 질량으로 나눈 값. 주로 액체혼합물과 고체혼합물의 조성을 나타내기 위해서 사용

$$x_i = \frac{mass\,of\,component\,i}{total\,mass\,of\,mixture}$$

$$\sum_i x_i = 1$$

(3) 몰농도 (Molarity, M_i)

각 물질의 mol수를 전체 혼합용액의 부피 (L)로 나눈 값. 몰농도의 단위: mol/L.

$$M_i = \frac{moles\,of\,component\,i}{total\,volume\,(L)}$$

(4) 몰랄농도 (Molality, m_i)

각 물질의 mol수를 용매의 kg 질량으로 나눈 값. 몰랄농도의 단위는 mol/kg.

$$m_i = \frac{moles\,of\,component\,i}{mass\,of\,solvent\,(kg)}$$

(5) ppm (Parts per Million)

1 ppm = 혼합물 전체 입자의 개수 1백만 개 중 1개

- 액체 혼합물 성분의 ppm은 질량분율에 10^6을 곱해서 대략적으로 나타냄.

ppm = mass fraction x 10^6

근사적으로 1 ppm = 1 mg/kg 또는 수용액에서 1 ppm = 1 mg/L

- 기체 혼합물 성분의 ppm은 몰분율에 10^6을 곱해서 나타냄.

ppm = mole fraction x 10^6

(예제) 액체혼합물의 분율 계산

물 200 g, ethanol 200 g, methanol 100 g이 섞여 있는 액체혼합물에 대해서 각 성분물질의 몰분율과 질량분율 그리고 혼합물의 평균분자량을 구하시오.

(풀이)

이 혼합물에 포함되어 있는 각 화학물질의 분자량을 구한 후 다음과 같은 분석표를 작성한다.

	분자량(MW)	질량	mol	몰분율(y_i)	질량분율 (x_i)
Water (H_2O)	18	200 g	$\frac{200\,g}{18\,g} \approx 11.1\,mol$	11.1/18.58 = 0.60	200/500 = 0.4
Ethanol (C_2H_5OH)	46	200 g	$\frac{200\,g}{46\,g} \approx 4.35\,mol$	4.35/18.58 = 0.23	200/500 = 0.4
Methanol (CH_3OH)	32	100 g	$\frac{100\,g}{32\,g} \approx 3.13\,mol$	3.13/18.58 = 0.17	100/500 = 0.2
	총무게 = 500 g	총 = 18.58 mol		$\sum_i y_i = 1$	$\sum_i x_i = 1$

※ 이 혼합물의 평균분자량은 총질량을 총 mol수로 나눈 값이다.

평균분자량: $\overline{M} = \frac{total\,mass}{total\,moles} = \frac{500\,g}{18.58\,moles} = 26.9\ g/mol$

(예제) 액체혼합물의 분율 계산

액체혼합물의 조성이 20 mole% methyl alcohol (CH_3OH), 30 mole% acetic acid (CH_3COOH), 50 mole % H_2O이다.

① 각 성분물질의 질량분율을 구하시오.
② 이 액체혼합물의 평균분자량을 구하시오.

(풀이) 계산기준 (Basis): 100 mol 액체혼합물

① 액체혼합물분석표

Substance	MW	mole	질량 g	질량분율
CH_3OH	32	20	32x20 = 640	640/3340 = 0.19
CH_3COOH	60	30	60x30 = 1800	1800/3340 = 0.54
H_2O	18	50	18x50 = 900	900/3340 = 0.27
Total		100	3340	1

② 평균분자량 = 3340 g/100 mol = 33.4

(예제) 기체혼합물의 분율 계산

공기 (air)는 부피기준으로 79%의 질소 분자와 21%의 산소분자가 혼합되어 있다. 공기에 함유되어 있는 질소와 산소의 몰분율과 질량분율을 각각 구하시오. 그리고 공기의 평균분자량을 계산하시오.

(풀이)
공기에 포함되어 있는 질소와 산소의 분자량을 구한 후 다음과 같은 분석표를 작성한다. 이상기체의 경우 부피%와 mol%는 같다.

계산기준 (Basis): 100 mol의 공기

Component	MW	mol	Mass	몰분율 (y_i)	질량분율 (x_i)
N_2	28	79	$\frac{79}{} \frac{28\,g}{1\,mol} = 2212\ g$	0.79	2212/2884=0.77
O_2	32	21	$\frac{21}{} \frac{32\,g}{1\,mol} = 672\,g$	0.21	672/2884=0.23
총 mol수 = 100 mol, 총무게=2884 g				$\sum_i y_i = 1$	$\sum_i x_i = 1$

* 평균분자량: $\overline{M} = \frac{total\,mass}{total\,moles} = \frac{2{,}884\,g}{100\,moles} = 28.84\ g/mol$

(예제) 몰수계산

화합물 benzene, toluene, ethanol 각 100 g의 분자량, mol수, 분자의 개수를 각각 구하시오.

(풀이) ① Benzene

화학식: C_6H_6

분자량: 12x6+1x6 = 78

mol수: $\frac{100\,g}{} \frac{1\,mol}{78\,g} = 1.282\,mol$

분자의 개수: $\frac{1.282\,mol}{} \frac{6 \times 10^{23}}{1\,mol} = 7.692 \times 10^{23}$

② Toluene

화학식: C_7H_8

분자량: 12x7+1x8 = 92

mol수: $\frac{100\,g\ \ 1\,mol}{92\,g} = 1.087\,mol$

분자의 개수: $\frac{1.087\,mol\ \ 6\times10^{23}}{1\,mol} = 6.522\times10^{23}$

③ Ethanol

화학식: C_2H_5OH

분자량: 12x2+1x6+16x1 = 46

mol수: $\frac{100\,g\ \ 1\,mol}{46\,g} = 2.174\,mol$

분자의 개수: $\frac{2.174\,mol\ \ 6\times10^{23}}{1\,mol} = 13.04\times10^{23}$

(예제) 농도계산

물 2,000 g에 포도당 100 g이 혼합되어 있는 혼합물에서 포도당의 몰농도와 몰랄농도를 구하시오.

(풀이)

이 혼합물의 부피를 2.1 L로 가정한다. 각 화학물질의 분자량을 구한 후 다음과 같은 분석표를 작성한다.

Component	MW	Mass	mol
물 (H_2O)	18	2,000 g	$\frac{2,000g}{18g} \approx 111.1mol$
포도당 ($C_6H_{12}O_6$)	180	100 g	$\frac{100g}{180g} \approx 0.56mol$
총무게 = 2,100 g 총 mol수 = 111.66 mol			

포도당의 몰농도 = 0.56 mol/2.1 L = 0.27 M

포도당의 몰랄농도 = 0.56 mol/2 kg H_2O = 0.28 m $C_6H_{12}O_6$

(예제) 농도계산

10 mass% NaCl 수용액의 몰농도 (M, Molarity)와 몰랄농도 (m, Molality)를 구하시오.

(풀이) 계산기준 (Basis): 1000 g NaCl 수용액 (10 mass% NaCl)

Component	MW	Mass	mol
물 (H_2O)	18	900 g	$\frac{900g}{18g} \approx 50mol$
NaCl	58.45	100 g	$\frac{100g}{58.45g} \approx 1.71mol$
총무게 = 1000 g 총 mol수 = 51.71 mol			

NaCl의 몰농도 = 1.71/1 L = 1.71 M

NaCl의 몰랄농도 = 1.71/ 0.9 kg H_2O = 1.9 m NaCl

(예제) ppm (기체혼합물)

공기 (Air) 중 SO_2의 농도가 10 ppm이다.

① 이 공기에서 SO_2의 함량을 몰분율로 나타내시오.

② 공기가 0℃ 1 atm일 때 1 L 공기에 들어있는 SO_2의 질량 (μg/L)과 질량분율 구하시오.

공기 1 mol의 부피는 22.4 L이고 SO_2의 분자량은 64, 공기의 평균분자량은 29이다.

(풀이) ① SO_2의 몰분율 = 10×10^{-6}

② 계산기준 (Basis): 1 mol 공기

	분자량	mol	부피	질량
Air	29	1	22.4 L	29 g
SO_2	64	10×10^{-6}		$64 \times 10 \times 10^{-6}$ g
계		≈ 1	≈ 22.4 L	29 g

• 공기 1 L에 포함된 SO_2의 질량:

$$\frac{64 \times 10 \times 10^{-6}\, g\, SO_2}{1\, mol\, Air} \frac{10^6\, \mu g}{1\, g} \frac{1\, mol\, Air}{22.4\, L} \approx 28.6\, \mu g\, SO_2 / L$$

• SO_2의 질량분율: $\dfrac{640 \times 10^{-6}}{29 + 640 \times 10^{-6}} \approx \dfrac{640 \times 10^{-6}}{29} = 22.1 \times 10^{-6}$

(예제) ppm (액체혼합물)

수용액의 phenol의 농도가 10 ppm일 때 수용액의 Phenol의 몰농도 (mol/L)와 몰분율을 계산하시오. Phenol의 분자량은 94이다.

(풀이) 계산기준 (Basis): 1 L 수용액

10 ppm phenol 수용액 = 10 mg phenol/L

	분자량	질량	mol
Phenol	94	10 mg	10×10^{-3} g / 94 = 1.06×10^{-4}
H_2O	18	1 kg	10^3 g / 18 = 55.6
계		≈ 1 kg	≈ 55.6

- Phenol의 몰농도 (M) = 1.06×10^{-4} mol/L

- Phenol의 몰분율 = 1.06×10^{-4} mol/55.6 mol = 1.91×10^{-6}

2.2 압력

- 표준단위: N/m^2
- 유도단위: Pa (Pascal) = 1 N/m^2

  1 atm = 대기압력 (1 기압)

  1 psi = 1 lb_f/in^2

  압력을 나타내는 액체의 높이 (head): mmHg (수은의 높이)

(1) 관의 윗부분 닫혀있고 진공일 경우 액체기둥의 밑 부분의 압력

$$P = mg/A = \rho hAg/A = \rho hg$$

h = 액체기둥의 높이　　ρ = 액체의 밀도

(2) 관의 윗부분이 대기에 열려있을 경우 액체기둥의 밑 부분의 압력

관의 위부분이 대기에 열려있을 경우에는 액체기둥의 밑 부분의 압력은 액체에 의한 압력과 대기압 (P_o)의 합과 같다. 즉

$$P = \rho hg + P_o$$

(3) 계기압력 (gauge pressure)과 절대압력 (absolute pressure)

계기압력 (gauge pressure) = 절대압력 (absolute pressure) - 1 atm

(예) psig = psia - 14.7

(예제) 압력의 단위

다음과 같이 해수면 높이에서 1 atm은 수은 760 mm와 같은 760 mmHg로 나타낸다. 1 atm을 Pa, psi, 물의 높이 m H_2O의 단위로 나타내시오. 물의 밀도는 1,000 kg/m^3, 수은의 밀도는 13,595 kg/m^{3}이다.

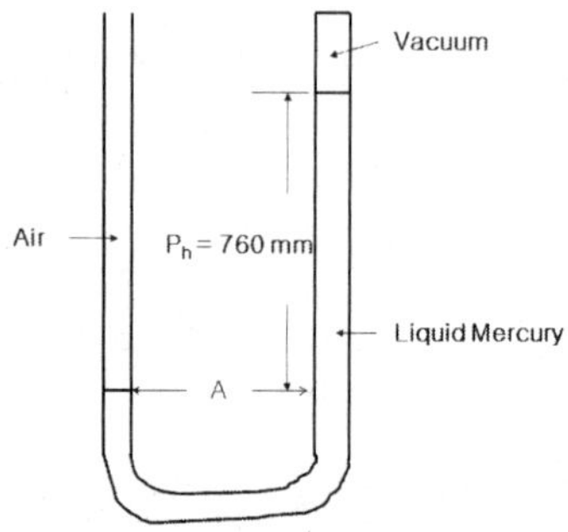

(풀이)

① 위의 그림에서 A지점에서 오른쪽의 대기에 의한 압력과 왼쪽의 액체수은에 의한 압력은 같다. 단위 단면적 1 m^2 당 액체수은의 무게는 즉 압력은 다음식과 같이 구한다.

$$P = \rho g h = \frac{13{,}595\,kg}{m^3}\frac{760\,mm}{}\frac{1\,m}{1{,}000\,mm}\frac{9.8\,m}{s^2}\frac{1\,N}{1\,kg \cdot m/s^2}$$

$= 101{,}256\ N/m^2$

$= 1.013 \times 10^5$ Pa

위의 압력은 1 atm과 같다. 따라서

1 atm = $1.013 \times 10^5\ P_a$

② 만일 액체수은 대신 물이 사용된다면 1 atm에 해당하는 물의 높이는 다음식과 같이 구한다.

$$1 \text{ atm} = 101{,}256 \text{ N/m}^2$$

$$= \frac{1{,}000\,kg}{m^3}\frac{h_{H_2O}(m)}{}\frac{9.8\,m}{s^2}\frac{1\,N}{1\,kg\,m/s^2}$$

$$h_{H2O} = 10.3 \text{ m } H_2O$$

③ 1 atm을 미국 단위인 psi로 바꾸는 방법은 다음식과 같다.

$$1 \text{ atm} = 1.013 \text{ x } 10^5 \text{ N/m}^2$$

$$= \frac{1.013\times10^5\,N}{m^2}\frac{1\,kg\,m\,s^{-2}}{1\,N}\frac{1\,lb_m}{0.454\,kg}\frac{(1\,m)^2}{(3.281\times12\,inch)^2}$$

$$\times\frac{32.174\,ft\,s^{-2}}{9.8\,m\,s^{-2}}\frac{1\,lb_f}{32.174\,lb_m\,ft\,s^{-2}}$$

$$= 14.69 \text{ lb}_f/\text{in}^2$$

$$= 14.7 \text{ psi}$$

(예제) Manometer

Manometer가 물의 유량을 측정하기 위해서 관에 연결되어 있다. Manometer용액의 밀도는 1.4 g/cm^{3}이고 눈금의 단위는 cm이다. 마노미터의 결과가 아래와 같을 때 압력차 P_2 - P_1 값 (mmHg)을 구하시오.

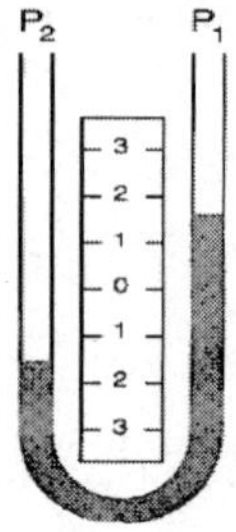

(풀이)

Δ h = 3 cm, 관내의 유체는 water (1 g/cm^3)

$$P_2 - P_1 = (1.4-1)\frac{g}{cm^3}\times 3\,cm \times \frac{980\,cm}{s^2}\frac{100\,cm}{1\,m}\frac{1\,kg}{1000\,g} = 117.6\frac{kg}{m \cdot s^2}$$

$$= 117.6\frac{kg}{m \cdot s^2}\frac{760\,mmHg}{1.013\times 10^5\,Pa} = 0.88\,mmHg$$

(예제) Manometer

세 종류의 서로 다른 액체가 manometer에 사용된다.

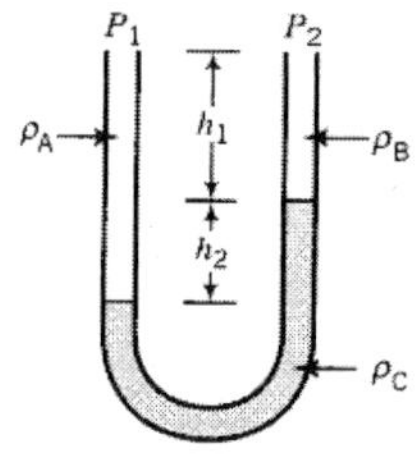

A는 water, B는 ethanol (비중 = 0.789), C는 액체수은 (비중 = 13.5)이다. h_1 = 30 cm, h_2 = 20 cm일 때 압력차, $P_1 - P_2$, 를 atm단위로 구하시오.

(풀이)

$$P_1 + \rho_{H_2O}(h_1+h_2)g = P_2 + \rho_{ethanol}h_1 g + \rho_{Hg}h_2 g$$

$$P_1 - P_2 = (\rho_{ethanol}\times 0.3\,m + \rho_{Hg}\times 0.2\,m - \rho_{H_2O}\times 0.5\,m)g$$

$$= (0.789\times 0.3\,m + 13.5\times 0.2\,m - 1.0\times 0.5\,m)\times 9.8\,m/s^2$$

$$= 23.9 \ \frac{kg}{L}\frac{m^2}{s^2}\frac{1000\,L}{m^3} \ = 23.9\text{x}10^3 \text{ Pa} = 0.24 \text{ atm}$$

(예제) Manometer

액체 toluene (비중 = 0.866)이 직경 2 m인 원통형 저장고에 들어있다. 저장 tank의 윗부분은 대기 중에 열려있다. 이 tank의 바닥에서 20 cm 높이 부분에 open ended manometer가 아래 그림과 같이 부착되어 있다. 이 manometer에는 액체수은 (비중 = 13.5)이 사용되며 manometer의 눈금은 다음 그림과 같다.

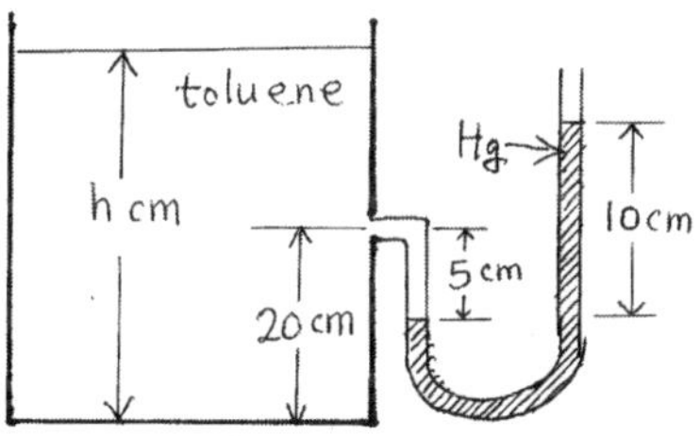

① 액체 toluene의 바닥으로부터의 높이 (h)를 계산하시오.

② Tank에 들어있는 액체 toluene의 질량 (kg)을 구하시오.

(풀이)

① ρ_{tol} g (h - 15 cm) = ρ_{Hg} g x 10 cm

0.866 (h - 15 cm) = 13.5 x 10 cm, h = 171 cm

② Toluene의 질량

m = $\rho_{tol}\pi r^2$ h = 0.866 g/cm^3 x 3.14 x (100 cm)^2 x 171 cm

= 4650 kg

2.3 온도

1) 온도 단위 (Scale)

상대 온도 단위: 섭씨온도 (Celsius ℃), 화씨온도 (Fahrenheit °F)

절대 온도 단위: 절대 온도 °K (Kelvin), 절대온도 °R (Rankine)

상대온도단위와 절대온도 단위 사이의 관계

	상대온도 단위		절대온도 단위	
	℃	°F	°K	°R
1atm에서 물의 끓는점	100	212	373	672
1atm에서물의 어는점	0	32	273	492
절대온도 0도	-273	-460	0	0

2) 온도 관계식

- 온도 값의 변환식 T (°K) = T (℃) + 273

  T (°R) = T (°F) + 460

  T (°F) = 1.8 T (℃) + 32

  T (°R) = 1.8 T (°K)

- 단위온도차 사이의 변환인자

  1Δ℃ = 1Δ°K

  1Δ°F = 1Δ°R

  1Δ℃ = 1.8 x 1Δ°F

  1Δ°K = 1.8 x 1Δ°R

(예제) 온도단위 및 압력단위 변환

① 100 K to R (Rankine)

② 70 °F to ℃

③ 100 psig to N/m^2

④ 100 psia to mm Hg

⑤ 50 psig to bar

⑥ 50 m H_2O to mmHg

(풀이)

① 100 K x $\frac{492R}{273K}$ = 180 R (Rankine)

② (70 °F - 32) / 1.8 = 21.1 ℃

③ (100 + 14.7) psia x 1.013x10^5 N/m^2/14.7 psia = 7.8x10^5 N/m^2

④ 100 psia x 760 mmHg/14.7 psia = 5170 mmHg

⑤ (50 + 14.7) psia x 1.013 bar/14.7 psia = 4.46 bar

⑥ 50 m H_2O x 760 mmHg/10.3 m H_2O = 3680 mmHg

(예제) 온도단위 및 단위온도차 변환

고체 calcium carbide (CaC_2)의 1 mol 당 비열 (C_p)은 절대온도 T (°K)에 대해서 다음과 같은 식으로 나타낼 수 있다.

$$C_p\left(\frac{kJ}{mol \cdot K}\right) = 68.62 \times 10^{-3} + 1.19 \times 10^{-5}\ T(^oK)$$

① C_p의 단위가 kJ/(mol·°F)로 변환되고 온도 T는 °K로 사용될 경우의 식을 구하시오.

② C_p의 단위가 kJ/(mol·°C)로 유지되고 온도 T가 °F로 변환될 경우의 식을 구하시오.

③ C_p의 단위가 kJ/(mol·°F)로 온도 T는 °F로 변환될 경우의 식을 구하시오.

(풀이)

① C_p의 단위가 kJ/(mol °F)로 변환되고 온도 T는 °K로 사용될 경우에는 단위온도차의 변환인자를 적용한다.

$$C_p' = [68.62 \times 10^{-3} + 1.19 \times 10^{-5}\ T(^oK)] \frac{kJ}{mol℃} \frac{℃}{1.8°F}$$

$$= [38.12 \times 10^{-3} + 0.66 \times 10^{-5}\ T(^oK)] \frac{kJ}{mol\ °F}$$

② C_p의 단위가 kJ/(mol °C)로 유지되고 온도 T가 °F로 변환될 경우에는 다음과 같이 화씨와 절대온도 °K 온도단위사이의 관계식을 적용한다.

$$T(^oR) = 1.8\,T(^oK)$$

$$T'(°F) + 460 = T(^oR) = 1.8\,T(^oK)$$

$$T(^oK) = \frac{T'(°F) + 460}{1.8}$$

이 식을 원래의 열용량 식에 대입한다.

$$C_p\left(\frac{kJ}{mol^oK}\right) = 68.62 \times 10^{-3} + 1.19 \times 10^{-5}\ T(^oK)$$

$$= 68.62 \times 10^{-3} + 1.19 \times 10^{-5} \frac{T'(°F) + 460}{1.8}$$

$$= 71.66 \times 10^{-3} + 0.66 \times 10^{-5}\ T'(°F)$$

③ C_p의 단위가 kJ/(mol °F)로 온도 T는 °F로 변환될 경우 ②번 문제의 풀이 식 전체에 단위온도차의 변환인자를 적용한다. 즉

$$C_p' = [71.66 \times 10^{-3} + 0.66 \times 10^{-5} T'(°F)] \frac{kJ}{mol ℃} \frac{℃}{1.8°F}$$

$$= [39.81 \times 10^{-3} + 0.37 \times 10^{-5} T'(°F)] \frac{kJ}{mol °F}$$

최종적으로

$$C_p(\frac{kJ}{mol °F}) = 39.81 \times 10^{-3} + 0.37 \times 10^{-5} T(°F)$$

(예제) 온도단위 및 단위온도차 변환

30 mass% benzene과 70 mass% hexane 혼합액체가 100 kg/h의 질량유속으로 흐르고 있다. 이 액체의 부피유속 (m^3/h)을 계산하시오. Benzene과 hexane의 밀도는 각 각 0.879과 0.659 kg/L이다.

(풀이)

계산기준 (Basis): 100 kg/h 액체혼합물

분석표

	Density	질량유속	부피유속 L/h	부피유속 m^3/h
Benzene	0.879 kg/L	30 kg/h	30/0.879 = 34.1	0.034
Hexane	0.659 kg/L	70 kg/h	70/0.659 = 106.2	0.106

부피유속 = 0.034 + 0.106 = 0.14 m^3/h

종합문제

(문제) 식의 변환

Acetaldehyde의 증기압력 P (mmHg)의 온도 T (℃)에 대한 변화는 다음 식과 같이 나타낸다.

$$\log_{10} P\,(mmHg) = 8.0 - \frac{1600}{292 + T(℃)}$$

이 식을 증기압 P의 단위는 psia로 온도 T의 값은 °F로 변화시켰을 때, 새로운 식을 $\log_{10}$ P (psia) = A - B/(C + T(°F)) 형태로 구하시오.

(풀이)

온도 관계식: T (℃) = [T' (°F) - 32]/1.8
압력 관계식: P (mmHg) = P' (psia) x 760 mmHg/14.7 psia

이 두 관계식을 원래 식에 대입한다.

$$\log_{10}(P' \times 760/14.7) = 8.0 - \frac{1600}{292 + \dfrac{T'(°F) - 32}{1.8}}$$

$$\log_{10} P' + \log_{10}(760/14.7) = 8.0 - \frac{2880}{493.6 + T'(°F)}$$

$$\log_{10} P' = 8.0 - \frac{2880}{493.6 + T'(°F)} - 1.71 = 6.3 - \frac{2880}{493.6 + T'(°F)}$$

최종식: $\log_{10} P = 6.3 - \dfrac{2880}{493.6 + T}$ 이 식에서 P (psia), T (°F)

제3장
단일상계
(Single-Phase System)

3.1 액체와 고체 혼합물의 평균 밀도 ($\bar{\rho}$)

(1) 부피 가산성 (Volume Additivity): 분자구조가 비슷한 물질들의 혼합물

전체질량: $m_{total} = \sum_i m_i$

전체부피: $V_{total} = \sum_i V_i = \sum_i \frac{m_i}{\rho_i}$ → Volume additivity

평균밀도 ($\bar{\rho}$) 식:

$$\frac{1}{\bar{\rho}} = \frac{V_{total}}{m_{total}} = \frac{\sum_i \frac{m_i}{\rho_i}}{m_{total}} = \sum_i \frac{m_i}{m_{total} \cdot \rho_i} = \sum_{i=1}^{n} \frac{x_i}{\rho_i}$$

(2) 질량분율을 이용한 간단한 평균 밀도 계산식

$$\bar{\rho} = \sum_{i=1}^{n} x_i \rho_i$$

$\bar{\rho}$ = 혼합물의 평균 밀도, ρ_i = 성분 i의 밀도, x_i = 성분 i의 질량분율

(예제) 액체혼합물의 평균밀도

50 mass% H_2SO_4 용액의 평균밀도를 계산하시오.
순수한 물 (H_2O)의 밀도: 1 g/cm^3
순수한 황산 (H_2SO_4)의 밀도: 1.834 g/cm^3
50 mass% H_2SO_4 수용액의 실제밀도: 1.395 g/cm^3 (계산 결과와 비교용)

(풀이) ① 부피가산성 식

$$\frac{1}{\bar{\rho}} = \sum_{i=1}^{2} \frac{x_i}{\rho_i} = \frac{0.5}{1} + \frac{0.5}{1.834} = 0.7726 \qquad \bar{\rho} = 1.29 \text{ g/cm}^3$$

실제 값과의 차이 = [(1.29-1.3951)/1.3951] x 100 = -7.3%

② 질량분율 평균식

$$\bar{\rho} = \sum_{i=1}^{2} x_i \rho_i = 0.5\text{x}1 + 0.5\text{x}1.834 = 1.42 \text{ g/cm}^3$$

실제 값과의 차이= [(1.42-1.3951)/1.3951] x 100 = -1.5%
※ 질량분율 평균식이 더 정확하다.
※ H_2O와 H_2SO_4은 분자구조가 서로 달라서 volume additivity가 적용되지 않는다.

(예제) 액체혼합물의 평균밀도와 조성

H_2SO_4와 H_2O의 혼합액체의 평균밀도가 20℃에서 1.3 kg/L이다. 이 액체혼합물의 조성 (질량분율)을 구하시오.

순수한 물 (H_2O)의 밀도: 1.0 g/cm^3

순수한 황산의 밀도: 1.834 g/cm^3

(풀이)

$$\bar{\rho} = \sum_{i=1}^{2} x_i \rho_i = 1.834\ x_{H2SO4} + 1.0\ (1 - x_{H2SO4}) = 1.3\ g/cm^3$$

$\rightarrow x_{H2SO4} = 0.359 \quad x_{H2O} = 0.641$

(예제) 액체혼합물의 평균밀도

Benzene과 phenol의 액체혼합물의 평균밀도가 0.960 kg/L이다. 이 혼합물의 benzene과 phenol의 질량분율을 구하시오. ρ_{phenol} = 1.071 kg/L, $\rho_{benzene}$ = 0.879 kg/L

(풀이)

$$\bar{\rho} = \sum_{i=1}^{2} x_i \rho_i = 1.071\, x_{phenol} + 0.879\,(1 - x_{phenol}) = 0.960$$

$x_{phenol} = 0.42, \quad x_{benzene} = 0.58$

3.2 기체 상태방정식

1) 이상기체 (Ideal Gas) 상태방정식

$$P = \frac{nRT}{V} \quad \text{또는} \quad \frac{P\hat{V}}{RT} = 1$$

R = 기체상수 $\quad R = 0.082\frac{L \cdot atm}{mol \cdot K} = 8.314\frac{J}{mol \cdot K}$

P = 압력 (atm) T = 절대온도 (K)

V = 기체의 부피 (L 또는 m^3) $\hat{V}$ = mol 부피 (L/mol)

n = 기체의 mol 수

2) 비이상기체 (Nonideal Gas) 상태방정식

비이상기체: 매우 높은 압력이나 매우 낮은 온도에서, 기체분자들 자체의 부피가 무시할 수 있을 정도로 작지 않고 분자 사이의 거리가 짧아서 분자 사이에 인력 혹은 반발력이 존재하는 기체.

$$P \neq \frac{nRT}{V} \quad \text{또는} \quad \frac{P\hat{V}}{RT} \neq 1$$

세 종류의 비이상기체 상태방정식

(1) 압축인자 (compressibility factor, z)를 사용하는 방법

$$\frac{P\hat{V}}{RT} = z \neq 1$$

z 값은 온도, 압력 및 기체분자의 종류에 따라서 복잡하게 변화한다.

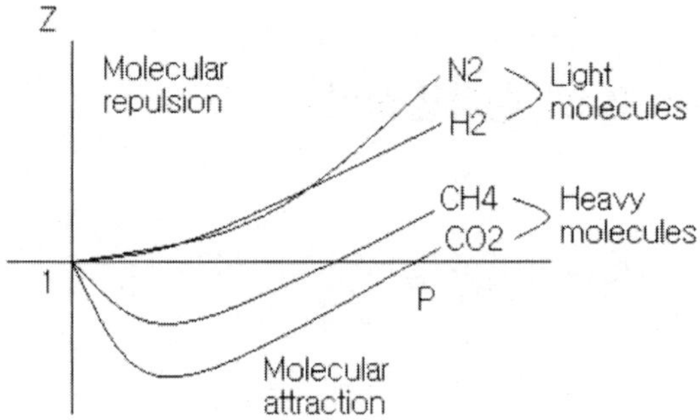

일정한 온도에서 압축인자 (z)와 압력과의 관계

● 대응상태 이론 (The Law of Corresponding States)

다른 기체들이라도 상태 (온도 및 압력)의 임계점에 대한 근접도 (proximity)가 같으면 물성이 같다.

임계점에의 근접도는 환산온도 (Reduced Temperature, $T_r = T/T_c$), 환산압력 (Reduced Pressure, $P_r = P/P_c$), 환산부피 (Reduced Volume, $V_r = V/V_c$)로 수치화 한다. (T_c= 임계온도, P_c = 임계압력, V_c = 입계부피)

임계부피는 이상기체방정식 ($V_c = nRT_c/P_c$)을 이용해서 계산한다.

(예) 아래 표와 같이 산소, 질소, 이산화탄소 기체들이 T_r과 P_r값이 각각 0.8, 0.7로 동일하게 되는 온도와 압력에서 압축인자와 같은 물성이 동일하다.

기체	T_c	P_c	T (T_r = 0.8)	P (P_r = 0.7)
O_2	154.4K	49.7 atm	123.5K	34.8 atm
N_2	126.2K	33.5 atm	101.0K	23.5 atm
CO_2	304.2K	72.9 atm	243.4K	51.0 atm

● 일반압축인자도표 (Generalized Compressibility Factor Chart)

압축인자 값을 환산압력 (P_r)와 환산온도 (T_r) 또는 환산부피 (V_r)의 함수로 나타내어 모든 종류의 기체에 대해서 일반적으로 사용할 수 있는 하나의 도표.

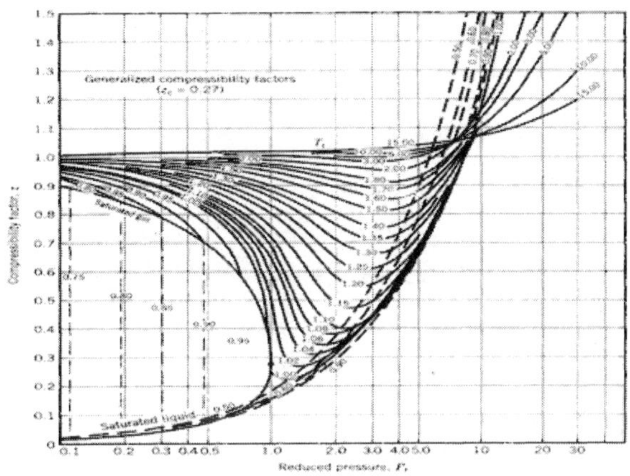

Generalized Compressibility Factor Chart (Chemical Process Principles Charts, 2nd Edition, Hougen OA, Watson KM, & Ragatz RA, John Wiley & Sons, New York, 1960)

● 일반압축인자도표를 이용해서 기체의 z 값을 추정하는 방법

- 기체의 임계온도 (T_c)와 임계압력 (P_c) 값을 찾는다.
- 수소와 헬륨기체의 경우 임계값들을 보정한다 (Newton's Correction).

$$T_c^a = T_c + 8\,K \qquad P_c^a = P_c + 8\,atm$$

- T_r (T/T_c 또는 T/T_c^a) 과 P_r (P/P_c 또는 P/P_c^a) 값을 계산한다.
- 부피 (V)값이 주어질 경우에는 다음과 같이 V_r값을 계산한다.

$$V_c = \frac{nRT_c}{P_c} \quad \rightarrow \quad V_r = \frac{V}{V_c} = \frac{VP_c}{nRT_c}$$

- T_r, P_r, V_r값들 중 두개의 값을 이용해서 일반 압축인자도표로부터 z값을 구한다.

● 기체혼합물의 경우에는 Kay's rule을 사용한다.

- Pseudocritical Temperature (T_c')와 Pseudocritical Pressure (P_c')값을
  각 성분기체의 몰분율 (y_i)에 대한 평균값으로 구한다.

$$T_c' = \sum y_i T_{c,i} \qquad P_c' = \sum y_i P_{c,i}$$

- Pseudoreduced Temperature (T_r')와 Pseudoreduced Pressure (P_r')값을
  구한다. : $T_r' = \frac{T}{T_c'}$ $\qquad P_r' = \frac{P}{P_c'}$

- Pseudoreduced Temperature (T_r')와 Pseudoreduced Pressure (P_r')값을
  이용해서 일반 압축인자도표로부터 z값을 구한다.

(2) Virial Equations

● Kamerlingh Onnes식

$$z = \frac{P\hat{V}}{RT} = 1 + \frac{B(T)}{\hat{V}} + \frac{C(T)}{\hat{V}^2} + \cdots$$

B (T) = second virial coefficient C (T) = third virial coefficient

Truncated Kamerlingh Onnes equation: $\frac{P\hat{V}}{RT} = 1 + \frac{B(T)}{\hat{V}}$

● Holborn식

$$z = \frac{P\hat{V}}{RT} = 1 + B^{'}(T)P + C^{'}(T)P^{2} + \cdots$$

Truncated Holborn equation: $\frac{P\hat{V}}{RT} = 1 + B^{'}(T)P$

● Kamerlingh Onnes식과 Holborn식의 계수들 사이의 관계식

$$B = B'RT$$

$$C = BB'RT + C'(RT)^{2}$$

● Truncated Virial Equation of State

Truncated Holborn 식 ($\frac{P\hat{V}}{RT} = 1 + B^{'}P$)에 $B' = B/RT$ 관계식을 대입하면,

$$\frac{P\hat{V}}{RT} = 1 + \frac{BP}{RT} \quad \text{또는} \quad P = \frac{RT}{\hat{V} - B}$$

이 식은 P, V, T에 대해서 모두 일차식이므로 V에 대해서 2차식인 truncated Kamerlingh Onnes식 ($\frac{P\hat{V}}{RT} = 1 + \frac{B(T)}{\hat{V}}$)보다 사용하기 편하다.

● virial 상수 B 값의 추정방법 (비극성물질의 경우)

- 아래 표에서 주어진 물질에 대한 Pitzer 편심인자 (Acentric Factor, ω)를 구한다.
- 아래의 식들을 이용해서 B_0, B_1, B 값을 계산한다.

$$B_0 = 0.083 - \frac{0.422}{T_r^{1.6}}$$

$$B_1 = 0.139 - \frac{0.172}{T_r^{4.2}}$$

$$B = \frac{RT_c}{P_c}(B_0 + \omega B_1)$$

Examples of Pitzer Acentric Factor

Compound	Acentric Factor, ω
Ammonia	0.250
Argon	-0.004
Carbon dioxide	0.225
Carbon monoxide	0.049
Ethane	0.098
Methane	0.008
Nitrogen	0.040
Oxygen	0.021
Propane	0.152
Water	0.344

(Reid RC, Prausnitz, JM, and Poling BE, The Properties of Gases and Liquids, 4th Ed. McGraw-Hill, New York, 1986)

(3) 3차 상태방정식 (Cubic equations of state)

부피 V에 대한 3차 방정식

- Van der Waals식

$$(P + \frac{an^2}{V^2})(V - nb) = nRT \quad \text{또는}$$

$$(P + \frac{a}{\hat{V}^2})(\hat{V} - b) = RT, \quad \hat{V} = \frac{V}{n} \text{ (Molar Volume, } m^3/mol)$$

● van der Waals 상수와 임계값의 관계

$$a = \frac{9}{8} R T_c \hat{V}_c = \frac{27 R^2 T_c^2}{64 P_c} , \qquad b = \frac{\hat{V}_c}{3} = \frac{R T_c}{8 P_c}$$

(H_2에 대한 계산 예)

① $a = \dfrac{27R^2T_c^2}{64P_c} = \dfrac{27\,(0.082\,L \cdot atm \cdot mol^{-1}K^{-1})^2\,(33.2\,K)^2}{64 \times 12.8\,atm} = 0.244\,\dfrac{L^2 atm}{mol^2}$

② $b = \dfrac{RT_c}{8P_c} = \dfrac{0.082\,L \cdot atm \cdot mol^{-1} K^{-1} \times 33.2\,K}{8 \times 12.8\,atm} = 0.0266\ L/mol$

Van der Waals Constants of Gases

Gas	a (L^2 bar mol^{-2})	b (L mol^{-1})
H_2	0.2476	0.02661
H_e	0.03457	0.02370
N_2	1.408	0.03913
O_2	1.378	0.03183
CO_2	3.640	0.04267
H_2O	5.536	0.03049

• Soave-Redlich-Kwong (SRK) 식

$$P = \frac{RT}{\hat{V}-b} - \frac{\alpha a}{\hat{V}(\hat{V}+b)}$$

$$a = \frac{0.42747\,R^2 T_c^2}{P_c} \qquad b = \frac{0.08664\,RT_c}{P_c}$$

$$m = 0.48508 + 1.55171\omega - 0.15613\omega^2$$

$$\alpha = [1 + m\,(1 - T_r^{0.5})]^2$$

• Peng-Robinson 식

$$P = \frac{RT}{\hat{V}-b} - \frac{\alpha a}{\hat{V}(\hat{V}+b) + b(\hat{V}-b)}$$

$$a = \frac{0.45724\,R^2 T_c^2}{P_c} \qquad b = \frac{0.07780\,RT_c}{P_c}$$

$$m = 0.37464 + 1.54226\omega - 0.26992\omega^2$$

$$\alpha = [1 + m\,(1 - T_r^{0.5})]^2$$

(예제) 이상기체방정식

질소 (N_2) 가스가 50℃에서 100 g/s의 질량유속으로 pipe 내에서 흐르고 있다. 이 기체의 압력이 2 atm일 때 부피유속 (m^3/s)을 구하시오. 단 질소 가스는 이상기체로 가정한다.

(풀이) 이상기체방정식을 이용한다.

$$P = \frac{\dot{n}RT}{\dot{V}} \rightarrow \dot{V} = \frac{\dot{n}RT}{P}$$

N_2의 분자량 = 28

$$\dot{n} = \frac{100\,g}{s}\frac{1\,mol}{28\,g} = 3.57\,mol/s$$

$$\dot{V} = \frac{\dot{n}RT}{P} = \frac{3.57\,mol}{s}\frac{0.082\,L \cdot atm}{mol \cdot K}\frac{(273+50)K}{2\,atm}\frac{1\,m^3}{1{,}000\,L}$$
$$= 0.0473\,m^3/s$$

(예제) 일반압축인자 도표를 이용한 비이상기체 계산

100 mol의 N_2 기체 (T_c = 126.2k, P_c = 33.5 atm)가 -20.6℃에서 부피 5 L의 실린더에 들어있다. 이 실린더의 압력을 구하시오.

(풀이) ① T_r = (-20.6 + 273.2)K/126K = 2.00,

$$V_r = \frac{VP_c}{nRT_c} = \frac{5\,L}{100\,mol}\frac{33.5\,atm}{126.2K}\frac{mol \cdot K}{0.08206\,L \cdot atm} = 0.161$$

② 일반압축인자도표로부터 T_r = 2.00, V_r = 0.161일 때 z = 1.8, P_r = 22.8

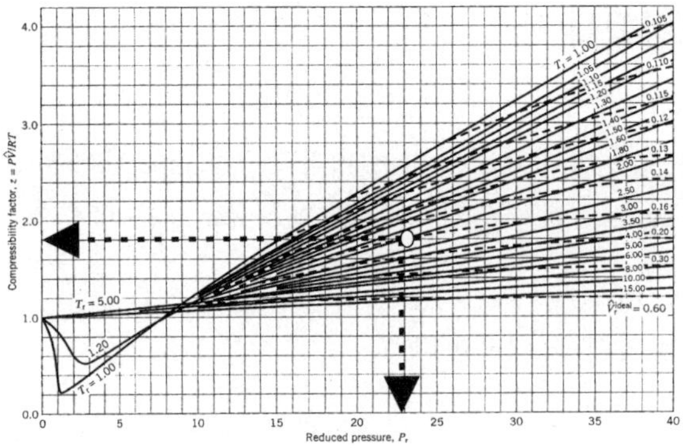

Figure 5.4-4 Generalized compressibility chart, high pressures. (From D. M. Himmelblau, *Basic Principles and Calculations in Chemical Engineering*, 3rd Edition, copyright © 1974, p. 177. Reprinted by permission of Prentice Hall, Inc., Englewood Cliffs, NJ.)

③ 실린더 내의 압력을 계산한다.

● z = 1.8

$$P = \frac{znRT}{V} = \frac{1.8}{} \frac{100\,mol \cdot 0.08206\,L \cdot atm}{mol \cdot K} \frac{252.6K}{5\,L} = 746\,atm$$

또는

● P_r = 22.8 P = P_r x P_c = 22.8 x 33.5 = 764 atm

$$P_{ideal} = \frac{nRT}{V} = \frac{100\,mol \cdot 0.08206\,L \cdot atm}{mol \cdot K} \frac{252.6K}{5\,L} = 415\,atm$$

※ 실제 압력 P는 이상기체식을 이용해서 계산한 압력보다 약 1.8배 더 크다.

(예제) Cubic 상태방정식을 이용한 비이상기체 계산

Methane기체 (P_c = 45.8 atm, T_c = 190.7 K)의 부피가 10.0 atm (절대압력), 100℃에서 10 m^3이다. Methane의 무게 (kg)를 ① 이상기체식과 ② SRK식을 이용해서 계산하시오.

(풀이) ① 이상기체식 $n = \frac{PV}{RT} = \frac{10\,atm \times 10 \times 10^3\,L}{0.082 \times (273+100)K} = 3269\,mol$

m = 16 x 3269 / 1000 = 52.3 kg

② SRK식: methane ω = 0.008, P_c = 45.8 atm, T_c = 190.7 K

$a = \frac{0.42747\,R^2 T_c^2}{P_c} = 2.286$ atm·L^2/mol^2, $b = \frac{0.08664\,RT_c}{P_c} = 0.0296$ L/mol

$m = 0.48508 + 1.55171\omega - 0.15613\omega^2 = 0.4975$

T_r = 373/190.7 = 1.956

$\alpha = [1 + m\,(1 - T_r^{0.5})]^2 = 0.6427$

$P = \frac{RT}{\hat{V} - b} - \frac{\alpha a}{\hat{V}(\hat{V}+b)} \rightarrow 10\,atm = \frac{0.082 \times 373}{\hat{V} - 0.0296} - \frac{0.6427 \times 2.286}{\hat{V}(\hat{V}+0.0296)}$

$\rightarrow\ \hat{V} \approx 3.04\,L/mol$

n = 10 x 10^3 L / 3.04 L·mol^{-1} = 3289 mol

m = 16n = 52.6 kg

(예제) Truncated 식

절대압력 10.0 atm, 50℃에서 propane (T_c = 369.9K, P_c = 4.2 atm)의 부피유속이 2 m^3/h이다. Truncated virial 식을 이용해서 propane의 질량유속 (kg/h)을 구하시오.

(풀이) Propane: T_c = 369.9K, P_c = 4.2 atm, ω = 0.152

T_r = 323K/369.9K = 0.8732

$B_0 = 0.083 - \frac{0.422}{T_r^{1.6}} = -0.441$

$$B_1 = 0.139 - \frac{0.172}{T_r^{4.2}} = -0.165$$

$$B = \frac{RT_c}{P_c}(B_0 + \omega B_1) = -0.336 \text{ L/mol}$$

$$\frac{P\hat{V}}{RT} = 1 + \frac{BP}{RT} \quad \rightarrow \quad \hat{V} = \frac{RT}{P} + B \quad \hat{V} = \frac{0.082 \times 323\,K}{10\,L} - 0.336 = 2.31\,L/mol$$

$$\dot{n} = \frac{\dot{V}}{\hat{V}} = \frac{2\,m^3/h}{2.31\,L/mol} \times \frac{1000\,L}{1\,m^3} = 864 \text{ mol/h}$$

$$\dot{m} = \dot{n} \times MW = \frac{864\,mol}{h} \times \frac{44\,g}{mol} \times \frac{1\,kg}{1000\,g} = 38\,kg/h$$

(예제) van der Waals식

CO_2 200 kg이 10 m^3 tank에 저장되어 있다. 이 tank는 1500 psia의 압력까지 견딜 수 있다. van der Waals식을 사용해서 이 기체의 최대 온도를 계산하시오.

CO_2의 임계 값: T_c = 304.2K, P_c = 72.9 atm

(풀이)

- van der Waals 상수와 임계 값

$$a = \frac{27R^2T_c^2}{64P_c} = \frac{27 \times 0.082^2 \times (304.2K)^2}{64 \times 72.9\,atm} = 3.6\,\frac{L^2 atm}{mol^2}$$

$$b = \frac{RT_c}{8P_c} = \frac{0.082 \times 304.2K}{8 \times 72.9\,atm} = 0.043\,L/mol$$

● van der Waals 식

$$\hat{V} = \frac{10000\,L}{200000\,g}\frac{44\,g}{mol} = 2.2\,L/mol$$

P = 1500 psi/14.7 psi = 102 atm

$$T = (P + \frac{a}{\hat{V}^2})(\hat{V} - b)/R = \frac{(102 + 3.6/2.2^2)(2.2 - 0.043)}{0.082} \approx 2700K$$

(예제) Key의 규칙

1 kg의 혼합기체 (50 mol% H_2 + 50 mol% N_2)가 8 L tank에 -100℃로 저장되어 있다. 이 기체의 압축인자 z 값을 generalized compressibility chart로 부터 구하시오.

(풀이)

N_2: T_c = 126.2K, P_c = 33.5 atm

H_2: T_c = 33K, P_c = 12.8 atm

$$T_c^a = 33 + 8 = 41K \quad P_c^a = 12.8 + 8 = 20.8\,atm$$

$$T_c' = \sum y_i T_{c,i} = 0.5 \times 126.2 + 0.5 \times 41 = 83.6\,K$$

$$P_c' = \sum y_i P_{c,i} = 0.5 \times 33.5 + 0.5 \times 20.8 = 27.15\,atm$$

$$\hat{V}_c = \frac{RT_c'}{P'_c} = \frac{0.082 \times 83.6K}{27.15\,atm} = 0.252\,L/mol$$

기체혼합물의 평균분자량 = (2+28)/2 = 15

기체의 mol수 = 1000/15 = 66.7 mol

$$\hat{V} = \frac{10\,L}{66.7\,mol} = 0.15\,L/mol$$

$$\hat{V}_r = \frac{\hat{V}}{\hat{V}_c} = 0.15/0.252 = 0.6$$

$$T_r^{'} = \frac{T}{T_c^{'}} = \frac{273-100}{83.6} = 2.07$$

From the generalized compressibility chart, $\hat{V}_r = 0.6 \quad T_r^{'} = 2.07$ 일 때 z = 0.96

종합문제

(문제)

Air (1 atm 25°C) 중 오존의 농도가 100 ppb일 때 이 농도를 μg O_3/L air로 변환하시오.

(풀이) 계산기준 (Basis): 1 L air

이상기체상태방정식: $n_{air} = \frac{PV}{RT} = \frac{1\,atm \cdot 1\,L}{0.082\,\frac{L \cdot atm}{mol \cdot K}(273+25)K} = 0.0409\,mol\,air$

기체의 경우 ppb = mole fraction x 10^9

mole O_3 in 1 L air = 0.0409x100x10^{-9}

μg O_3 in 1 L air = 4.09x10^{-9} mol $\frac{48\,g}{mol}\frac{10^6\,\mu g}{1\,g} = 0.196\,\mu g\,O_3/L$

(문제)

Propane과 methane 혼합기체 10 kg이 100 L tank에 저장되어 있다. 25℃ 에서 tank의 절대압력이 100 atm이다. 이 기체의 몰분율 조성을 이상기체 상태방정식을 이용해서 구하시오.

(풀이)

$$n = \frac{PV}{RT} = \frac{100\,atm \cdot 100\,L}{0.082 \cdot 298K} = 409\,mol$$

평균분자량 = 10000 g/409 mol = 24.45 g/mol

24.45 g/mol = 16 $y_{methane}$ + 44 (1 - $y_{methane}$) → $y_{methane}$ = 0.698, $y_{propane}$ = 0.302

(문제)

N_2 기체 (T_c = 126.2K, P_c = 33.5 atm)가 10 L tank에 저장되어 있고 온도는 -100℃ 압력은 10 atm이다. Tank에 저장되어 있는 N_2 기체의 질량 (g)을 ① 이상기체상태방정식과 ② truncated virial식을 사용해서 계산하시오.

(풀이)

① 이상기체상태방정식

$$n = \frac{PV}{RT} = \frac{10\,atm \cdot 10\,L}{0.082 \cdot 173K} \approx 7.05\,mol$$

N_2의 질량 = 7.05 mol x 28 g/mol = 197.4 g

② truncated virial식

N_2: T_c = 126.2K, Pc = 33.5 atm, ω = 0.040

T_r = (273-100)K/126.2K = 1.371

$$B_0 = 0.083 - \frac{0.422}{T_r^{1.6}} = -0.172$$

$$B_1 = 0.139 - \frac{0.172}{T_r^{4.2}} = 0.093$$

$$B = \frac{RT_c}{P_c}(B_0 + \omega B_1) = \text{-0.052}$$

$$\frac{P\hat{V}}{RT} = 1 + \frac{BP}{RT} \quad \rightarrow \hat{V} = 1.367 \text{ L/mol}$$

$$n = \frac{V}{\hat{V}} = \frac{10\,L}{1.367\,L \cdot mol^{-1}} = 7.32 \text{ mol}$$

N_2의 질량 = 7.32 mol x 28 g/mol = 205 g

(문제)

CO_2 기체가 10 L tank에 25℃, 100 atm으로 저장되어 있다. Tank안에 들어있는 CO_2 기체의 무게를 ① 이상기체상태방정식 ② SRK 식, ③ 압축인자 (compressibility factor)를 사용해서 계산하시오.

CO_2 기체: T_c = 304.2K, P_c = 72.9 atm, 분자량 (MW) = 44

(풀이)

① 이상기체상태방정식

$$n = \frac{PV}{RT} = \frac{100\,atm \bullet 10\,L}{0.082\,\frac{atm \bullet L}{mol \bullet K}\,298K} = 40.9\,mol$$

질량: m = 40.9 x 44 = 1800 g

② SRK 식

ω = 0.225, T_r = 298/304.2 = 0.979

$$a = \frac{0.42747\,R^2\,T_c^2}{P_c} = 3.648 \ \text{atm·L}^2/\text{mol}^2$$

$$b = \frac{0.08664\,RT_c}{P_c} = 0.029 \ \text{L/mol}$$

$$m = 0.48508 + 1.55171\omega - 0.15613\omega^2 = 0.826$$

$$\alpha = [1 + m\,(1 - T_r^{0.5})]^2 \approx 1$$

$$P = \frac{RT}{\hat{V} - b} - \frac{\alpha a}{\hat{V}(\hat{V} + b)} \rightarrow 100\,atm = \frac{0.082 \times 298}{\hat{V} - 0.029} - \frac{1 \times 3.648}{\hat{V}(\hat{V} + 0.029)}$$

By trial and error $\hat{V} \approx 0.061\,L/mol$

$n = 10\ L/0.061\ L\cdot mol^{-1} = 164\ mol$

$m = 164 \times 44 = 7200\ g$

③ 압축인자 (compressibility factor)

$T_r = 298/304.2 = 0.979,\ P_r = 100/72.9 = 1.37$

From the generalized compressibility factor chart, z = 0.23

$$n = \frac{PV}{zRT} = \frac{100\,atm \cdot 10\,L}{0.23 \times 0.082\,\frac{atm \cdot L}{mol \cdot K}\,298K} = 178\,mol$$

$m = 178 \times 44 = 7800\ g$

(문제)

10 m^3 tank에 60 kg의 ethane이 27℃에 저장되어 있다. 이 tank내의 압력을 ① 이상기체상태방정식과 ② SRK식으로 계산하시오.

Ethane: 분자량 (MW) = 30, ω = 0.098, $T_c = 305.4K$, $P_c = 48.2\ atm$

(풀이)

① 이상기체상태방정식

$$P = \frac{nRT}{V} = \frac{60\,kg\,\frac{1\,mol}{0.03\,kg}\,0.082 \times 300\,K}{10\,m^3\,\frac{1000\,L}{1\,m^3}} = 4.92\,atm$$

② SRK 식

ω = 0.225, $T_r = 300/305.4 = 0.982$

$$a = \frac{0.42747\, R^2\, T_c^2}{P_c} = 5.562 \ \text{atm·L}^2/\text{mol}^2$$

$$b = \frac{0.08664\, R T_c}{P_c} = 0.045 \ \text{L/mol}$$

$$m = 0.48508 + 1.55171\omega - 0.15613\omega^2 = 0.6356$$

$$\alpha = [1 + m\,(1 - T_r^{0.5})]^2 \approx 1.0115$$

Molar volume ($\hat{V}$) = 10000 L/2000 mol = 5 L/mol

$$P = \frac{RT}{\hat{V} - b} - \frac{\alpha a}{\hat{V}(\hat{V} + b)} \rightarrow$$

$$P = \frac{0.082 \times 300}{5 - 0.045} - \frac{1.0115 \times 5.562}{5(5 + 0.045)} = 4.74\, atm$$

(문제) Kay의 규칙

10 mole% ethane과 90 mol% CO_2 혼합기체가 50 kmol/h의 몰 유속으로 흐르고 있다. 이 유체의 절대압력은 35 atm이고 온도는 60℃이다. 이 유체가 흐르는 pipe의 직경이 10 cm이라면 이 pipe 내에서 유체의 유속을 km/h의 단위로 구하시오. 혼합기체에 대해서 Kay의 규칙과 generalized compressibility charts를 이용하시오.

Ethane T_c = 305.4 K P_c = 48.2 atm

CO_2: T_c = 304.2 K P_c = 72.9 atm

(풀이)

혼합기체에 대해서:

T_c' = 0.1 x 305.4 + 0.9 x 304.2 = 304.32 K

P_c' = 0.1 x 48.2 + 0.9 x 72.9 = 70.43 atm

$T_r' = 333K/304.32K = 1.1$

$P_r' = 35/70.43 = 0.5$

From the generalized compressibility chart, $z_m = 0.88$

$$\dot{V} = \frac{z_m \dot{n} RT}{P} = \frac{0.88 \times 5 \times 10^4 mol/h \times 0.082 \times (60 + 273)K}{35\, atm} \approx 34.3\, m^3/h$$

유속 (linear velocity) $= \dfrac{\dot{V}}{\pi r^2} = \dfrac{34.3\, m^3/h}{3.14 \times (0.1\, m/2)^2} \times \dfrac{1\, km}{1000\, m} \approx 4.37\, km/h$

제4장

다상계

(Multiphase System)

4.1 평형계의 자유도 분석 (Gibbs Phase Rule)

- 세기변수 (intensive variable): 농도, 온도, 압력등과 같이 계의 크기와 무관한 변수
- 자유도 (DF, degree of freedom): 세기변수 (intensive variable)들 중 독립적으로 값을 지정해주어야 하는 세기변수들의 개수

- Gibbs Phase Rule: 자유도 값을 계산하기 위한 식

DF (자유도, degree of freedom) = 2 + c - p

c = 계의 성분들의 개수, p = 평형을 이루고 있는 상 (phase)의 개수

계에 각 성분들 사이에 n개의 평형반응이 존재한다면 추가적으로 n개의 화학반응 평형식이 추가로 존재한다. 따라서

DF = 2 + c - p - n

(예제) 다음의 평형계에 대한 자유도를 계산하라.

① 2성분 단일 상 계

● 두개의 성분이 혼합되어 있는 액체 혹은 기체 단일상:
세기변수: 4개 (온도 (T), 압력 (P), 각 성분의 농도 (x_1, x_2))

● 1개의 방정식:

단일상에서 성분농도의 합: $\sum_i x_i = x_1 + x_2 = 1$

● Gibbs phase rule: c = 2, p = 1이므로

DF = 2 + c - p = 2 + 2 - 1 = 3이다.

● 4개의 세기변수 (intensive variable) 중 3개 변수의 값을 지정해 주어야하고 나머지 한개 변수의 값은 계산에 의해서 구한다.

※ x_1과 x_2는 서로 독립된 변수가 아니므로 동시에 선택되어서는 안 된다.
예: (T, x_1, x_2) 3개의 세기변수 선택은 안 됨

● 값을 지정해야 하는 세기변수 예: (T, P, x_1)

② 2성분 액체-기체 평형 (two-phases) 계

● 6개의 세기변수 (intensive variable): 계의 온도 (T), 압력 (P), 기체상에서 각 성분의

농도 (y_1, y_2), 액체상에서 각 성분의 농도 (x_1, x_2)

● 4개의 방정식:

기체상에서 성분농도의 합: $\sum_i y_i = y_1 + y_2 = 1$

액체상에서 성분농도의 합: $\sum_i x_i = x_1 + x_2 = 1$

성분1에 대한 Raoult 상평형식: $y_1 P = x_1 P_1^*(T)$

성분2에 대한 Raoult 상평형식: $y_2 P = x_2 P_2^*(T)$

● Gibbs phase rule: c = 2, p = 2이므로

DF = 2 + c - p = 2 + 2 - 2 = 2

● 6개의 세기변수 (intensive variable) 중 2개 변수의 값이 지정되어야 하고 남은 4개 변수의 값을 위의 4개 식을 이용해서 구한다.

※ x_1과 x_2 또는 y_1과 y_2 는 독립된 변수가 아니므로 동시에 값을 지정하면 안 된다.

● 값을 지정해야 하는 세기변수 예: (T, P) (T, x_1) (P, y_1), ...

③ 성분사이에 1개의 가역반응이 있는 2성분 단일 상 계

● 세기변수: 4개 (온도 (T), 압력 (P), 각 성분의 농도 (x_1, x_2))

● 2개의 방정식:

단일상에서 성분농도의 합: $\sum_i x_i = x_1 + x_2 = 1$

각 성분사이의 1개의 평형상수식: K (T) = $a_1^{\nu_1} a_2^{\nu_2}$

a_1과 a_2는 성분1과 성분2의 활동도 (activity).
ν_1과 ν_2는 성분1과 성분2의 화학반응계수.

● Gibbs phase rule: c = 2, p = 1, n = 1이므로

DF = 2 + c - p - n = 2 + 2 - 1 -1 = 2이다.

● 4개의 세기변수 (intensive variable) 중 2개 변수의 값을 지정해 주어야하고 나머지 2개 변수의 값은 계산에 의해서 구한다.

※ x_1과 x_2는 서로 독립된 변수가 아니므로 동시에 선택되어서는 안 된다.
예: (x_1, x_2) 2개의 세기변수 선택은 안 됨

4.2 기체-액체 평형

1) 포화증기압과 온도

포화증기압 (P*): 순수한 액체와 기체가 일정한 온도에서 평형을 이루고 있을 때 기체상에서 그 액체성분의 분압

(1) Clausius-Clapeyron Equation

$$\ln P^* = -\frac{\Delta\hat{H}_v}{RT} + B$$

$\Delta\hat{H}_v$ = 액체의 증발열 (증발엔탈피, J/mol)

R = 기체상수 (8.314 J/(mol·K))

(2) Antoine Equation

$$\log_{10} P^*(mmHg) = A - \frac{B}{T(℃) + C}$$

포화증기압 (P*)의 단위 = mmHg, 온도 (T)의 단위 = 섭씨 (℃)

2) 액체-기체 평형식

Raoult 식: $P_i = y_i P = x_i P_i^*(T)$ → 휘발성 물질에 사용

Henry 식: $P_i = y_i P = x_i K_i(T)$ → 용존 기체에 사용

P = 기체상의 총 압력, P_i = 기체상에서 성분 i의 분압

$P_i^*(T)$ = 순수한 성분 i의 온도 T에서 포화증기압

y_i = 기체상에서 성분 i의 몰분율

x_i = 액체상에서 성분 i의 몰분율

K_i = Henry 상수 (단위는 압력)

Examples of Henry's constants for gases dissolved in aqueous solutions

Gas	K_i (P_a)
Argon (Ar)	4.03×10^9
Carbon Dioxide (CO_2)	1.67×10^8
Hydrogen (H_2)	7.03×10^9
Methane (CH_4)	4.13×10^7
Nitrogen (N_2)	8.57×10^9
Oxygen (O_2)	4.34×10^9

(1) 이상혼합물 (Ideal Mixture)에 대한 Raoult 식

$$P_1 = y_1 P = x_1 P_1^*(T)$$

$$P_2 = y_2 P = x_2 P_2^*(T)$$

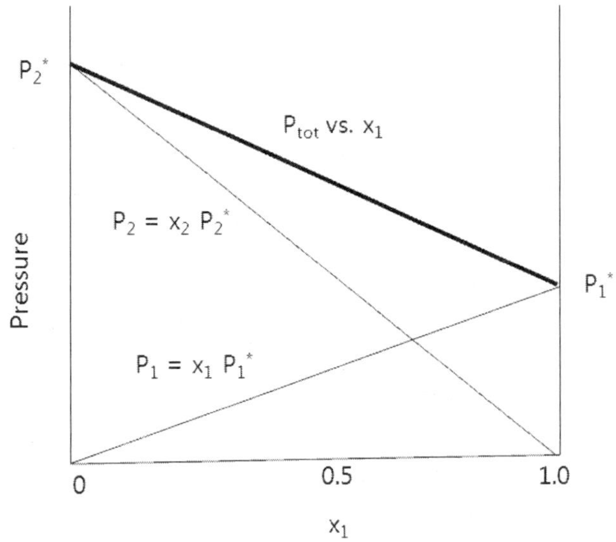

Linear dependence of partial pressure in gas phase on mole fraction in liquid phase according to Raoult's law for ideal liquid mixtures.

(2) Raoult법칙으로부터 음의 편차 (Negative Deviation)

인력이 강하게 작용하는 두 물질이 섞여 있는 비이상혼합물의 액체와 기체가 평형상태에 있을 경우, 각 물질의 기체상에서의 분압은 이상혼합물에 대한 Raoult식으로부터 예상되는 분압보다 작다.

즉

x_i 이 클 경우 Raoult식 적용: $y_i P = x_i P_i^*(T)$

x_i 이 작을 경우 Henry식 적용: $y_i P = x_i K_i(T)$

(3) Raoult법칙으로부터 양의 편차 (Positive Deviation)

물성이 매우 다른 두 물질이 섞여있는 혼합물의 액체와 기체가 평형상태에 있을 경우, 각 물질의 기체상에서의 분압은 이상혼합물에 대한 Raoult식으로부터 예상되는 분압보다 크다.

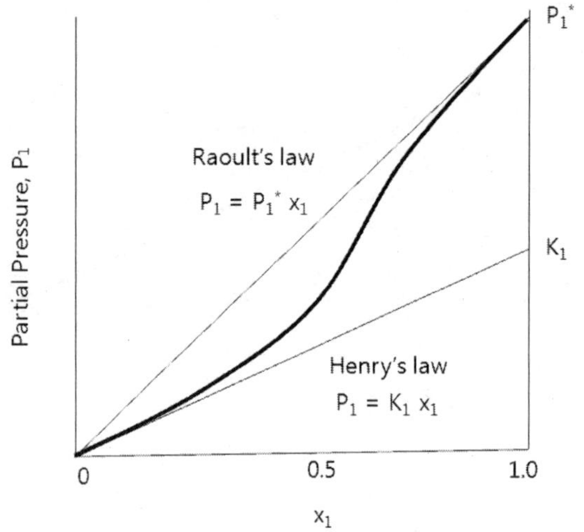

Negative deviation from Raoult's law

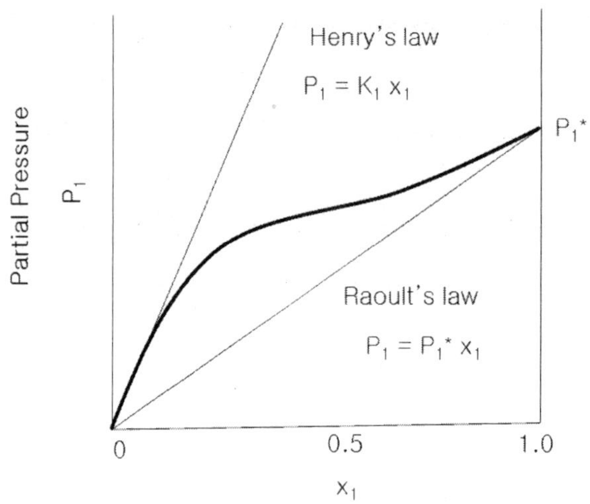

Positive deviation from Raoult's law

x_i 이 클 경우 Raoult식 적용: $y_i P = x_i P_i^*(T)$

x_i 이 작을 경우 Henry식 적용: $y_i P = x_i K_i(T)$

(4) 기체상에 비응축성 (noncondensable) 성분과 응축성 (condensable) 성분이 혼합되어 있을 경우

● 응축성 (condensable) 성분: 물, benzene, toluene, ethanol, acetone등과 같이 보통의 온도에서도 응축할 수 있는 물질

$$P_{condensable} = \sum_{condensable} y_i P_{total} = \sum_{condensable} x_i P_i^*(T)$$

● 비응축성 (noncondensable) 성분: O_2, N_2, He, Ar등과 같이 극저온보다 높은 보통의 온도에서 응축하지 않는 기체

$$P_{noncondensable} = \sum_{noncondensable} P_j$$

● 기체의 총 압력

$$P_{total} = P_{noncondensable} + P_{condensable} = \sum_{noncondensable} P_j + \sum_{condensable} y_i P_{total}$$

$$= \sum_{noncondensable} P_j + \sum_{condensable} x_i P_i^*(T)$$

3) 기체-액체 평형 계산

(1) 액체혼합물의 끓는점 (Bubble Point)

● 끓는점 (T_{bp}): 혼합액체를 일정한 압력에서 가열할 때 처음 액체 안에서 기포가 생성되는 온도

● 끓는점 (T_{bp})에서 액체성분들의 증기압의 몰분율 평균값이 기체의 총 압력과 같아진다.

$$P_{total} = \sum x_i P_i^*(T_{bp})$$

• 끓는점 (T_{bp})에서 생성된 첫 기포내부의 증기의 조성(y_i)은 Raoult식 ($y_i P_{total} = x_i P_i^*(T_{bp})$)을 이용해서 구한다.

※ 기체상의 총 압력 (P)은 응축성 (condensable) 물질의 분압뿐만 아니라 비응축성 기체 (noncondensable gases)의 분압을 모두 합한 총 압력이다.

(2) 기체혼합물의 이슬점 (Dew Point)

이슬점 (T_{dp}): 혼합기체를 일정한 압력에서 냉각할 때 처음 응축액체가 생성되는 온도

이슬점 (Dew Point) 식: $1 = \sum x_i = \sum \frac{y_i P}{P_i^*(T_{dp})}$

(3) 일정한 압력 (P)에서 이성분계의 T_{xy} diagram (그림 a)

Bubble Point Line: T_{bp} vs. x_1 (그림 a의 Liquid 곡선)

$P = x_1 P_1^*(T_{bp}) + x_2 P_2^*(T_{bp}) = x_1 P_1^*(T_{bp}) + (1-x_1) P_2^*(T_{bp})$

T_{bp} 은 x_1에 대한 곡선식

Dew Point Line: T_{dp} vs. y_1 (그림 a의 Vapor 곡선)

$1 = y_1 P/P_1^*(T_{dp}) + y_2 P/P_2^*(T_{dp}) = y_1 P/P_1^*(T_{dp}) + (1-y_1) P/P_2^*(T_{dp})$

T_{dp} 은 y_1에 대한 곡선식

(4) 일정한 온도 (T)에서 이성분계의 P_{xy} diagram (그림 b)

온도가 일정하므로 액체성분의 분압 $P_1^*(T)$ 과 $P_2^*(T)$ 값도 일정한 상수이다.

Bubble Point Line: P vs. x_1 (그림 b의 Liquid 직선)

$P = x_1\ P_1^*(T) + x_2\ P_2^*(T) = x_1\ P_1^*(T) + (1 - x_1)\ P_2^*(T)$

$\quad = P_2^*(T) + x_1\ (P_1^*(T) - P_2^*(T))$

P 는 x_1 에 대한 직선식

Dew Point Line: P vs. y_1 (그림 b의 Vapor 곡선)

$1 = y_1\ P/P_1^*(T) + (1-y_1)\ P/P_2^*(T)$

$P = 1/[y_1/P_1^*(T) + (1-y_1)/P_2^*(T)]$

P는 y_1 에 대한 곡선식

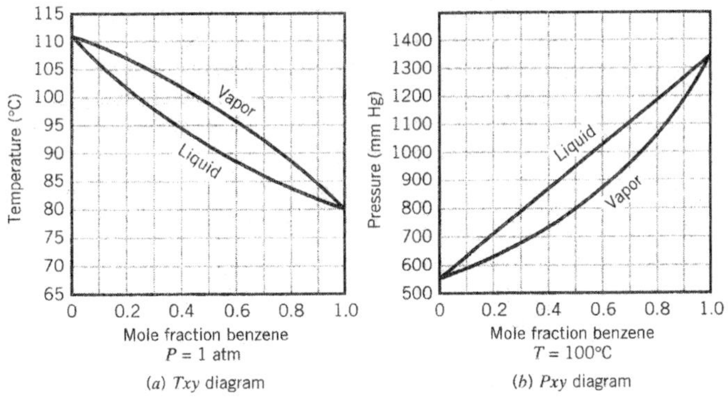

Benzene-Toluene 이성분계의 T_{xy}와 P_{xy} diagram

(예제) Clausius-Clapeyron식

Ethylene glycol의 포화증기압 (P*)은 105℃에서 20 mmHg이고 140℃에서 100 mmHg이다.

① ethylene glycol의 증발열 ($\Delta \widehat{H}_v$, kJ/mol)을 구하시오.

② 120℃에서 ethylene glycol의 포화증기압을 구하시오.

Clausius-Clapeyron식: $\ln P^* = -\dfrac{\Delta \widehat{H}_v}{RT} + B$

(풀이) ① ethylene glycol의 증발열 ($\Delta \widehat{H}_v$, kJ/mol)

$$\ln P_1^* = -\frac{\Delta \widehat{H}_v}{RT_1} + B \qquad \ln P_2^* = -\frac{\Delta \widehat{H}_v}{RT_2} + B$$

위의 두 식을 빼면

$$\ln (P_1^*/P_2^*) = -\frac{\Delta \widehat{H}_v}{R}\left(\frac{1}{T_1} - \frac{1}{T_2}\right)$$

$$\ln (20/100) = -\frac{\Delta \widehat{H}_v}{R}\left(\frac{1}{105+273} - \frac{1}{140+273}\right)$$

$\Delta \widehat{H}_v$ = 7179 R = 7179 x 8.314 J/(mol·K) = 59.7 kJ/mol

② 120℃에서 ethylene glycol의 포화증기압

$$\ln (P^*(120℃)/P^*(105℃))$$
$$= \ln (P^*(120℃)/20) = -\frac{59.7 \times 1000}{8.314}\left(\frac{1}{120+273} - \frac{1}{105+273}\right) = 0.725$$

$P^*(120℃) = 20e^{0.725} = 41.3\,mmHg$

(예제) Clausius–Clapeyron식

Methanol의 1 atm에서 끓는 온도는 64.7℃이고 증발열은 35.27 kJ/mol이다.

① Clausius-Clapeyron 식의 상수 B 값을 구하시오.

② 40℃에서 methanol의 증기압 (mmHg)를 계산하시오.

(풀이) ① Clausius-Clapeyron식

$$\ln P^* = -\frac{\Delta \hat{H}_v}{RT} + B \rightarrow \ln 760\,mmHg = -\frac{35.27 \times 10^3\,J/mol}{8.314\frac{J}{mol\,K}337.7K} + B$$

B = 19.2 (무차원 변수)

② $\ln P^*(40℃) = -\dfrac{35.27 \times 10^3\,J/mol}{8.314\frac{J}{mol\,K}(40+273)K} + 19.2 \approx 5.65$

P* (40℃) = $e^{5.65}$ = 281 mmHg

(예제) Antoine식으로부터 포화증기압 계산

암모니아의 Antoine상수는 다음과 같다. 25℃에서 암모니아의 포화증기압을 계산하시오.

A = 7.55, B = 1003, C = 248

(풀이) 세 상수를 Antoine식에 대입하면

$$\log_{10} P^* = A - \frac{B}{T+C} = 7.55 - \frac{1003}{25+248} = 3.88$$

$$P^* = 10^{3.88} = 7586\, mmHg$$

(예제) 비응축성 물질과 응축성 물질

25℃, 1 atm에서 순수한 액체 H_2O가 공기 (air)와 수증기를 포함하고 있는 기체와 평형에 있다. 기체상의 조성 (H_2O와 air의 mol %)을 구하시오.

H_2O의 Antoine식: $\log_{10} P^*_{H_2O} = 7.96681 - \dfrac{1668.21}{T+228}$

(풀이) H_2O : 응축성 물질

air : 비응축성 물질

H_2O의 25℃에서포화증기압: $\log_{10} P^*_{H_2O} = 7.96681 - \dfrac{1668.21}{25+228} \approx 1.3731$

$$P^*_{H_2O} = 10^{1.3731} \approx 23.6\, mmHg$$

$$P_{H_2O} = y_{H_2O} P_{total} = x_{H_2O} P^*_{H_2O}(T) = 1 \times P^*_{H_2O}\ (25℃)$$

$$y_{H_2O} \times 760\, mmHg = 23.6\, mmHg$$

$$y_{H_2O} = 23.6 / 760 = 0.031\ (3.1\, mol\%)$$

$$y_{air} = 1 - y_{H_2O} = 1 - 0.031 = 0.969\ (96.9\, mol\%)$$

(예제) 비응축성 물질과 응축성 물질

20 mole% benzene, 30 mole% toluene, 50 mol% nitrogen을 가지고 있는 기체가 benzene+toluene 액체 혼합물과 50℃에서 평형에 있다. N_2는 비응축성 (condensible) 물질로 가정하시오.

① 이 기체의 총압력 (mmHg)을 계산하시오.

② 액체혼합물의 조성을 구하시오.

Antoine식 Benzene: $\log_{10} P_B^*(mmHg) = 6.89272 - \dfrac{1203.531}{T(℃) + 219.888}$

$$\text{Toluene: } \log_{10} P_T^*(mmHg) = 6.95805 - \frac{1346.773}{T(℃) + 219.693}$$

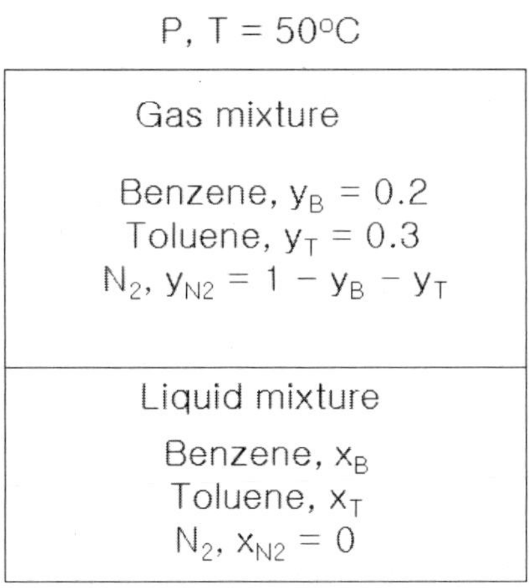

(풀이)

① 이 기체의 총압력 (mmHg)

Raoult식

$$P_B = y_B P = 0.2P = x_B P_B^*(T)$$

$$P_T = y_T P = 0.3\,P = x_T P_T^*(T)$$

$$x_B + x_T = 1 = \frac{0.2P}{P_B^*(50℃)} + \frac{0.3P}{P_T^*(50℃)}$$

Antoine식

$$\log_{10} P_B^*(50℃) = 6.89272 - \frac{1203.531}{50 + 219.888} = 2.433$$

$$P_B^*(50℃) = 10^{2.433} = 271.2\,mmHg$$

$$\log_{10} P_T^*(50℃) = 6.95805 - \frac{1346.773}{50 + 219.693} = 1.964$$

$$P_T^*(50℃) = 10^{1.964} = 92\,mmHg$$

따라서 $1 = P(\frac{0.2}{271.2} + \frac{0.3}{92}) \rightarrow \mathrm{P} = 250\ \mathrm{mmHg}$

② 액체혼합물의 조성

$0.2P = x_B P_B^*(T) \rightarrow 0.2 \times 250 = x_B \times 271.2 \rightarrow x_B = 0.18,\ x_T = 0.82$

(예제) 이성분계 기체-액체의 평형

기체의 조성이 60 mole% benzene과 40 mole% toluene이고 비응축성 기체는 포함되어있지 않다. 이 기체혼합물의 온도가 50℃일 때

① 이 기체의 총압력 (mmHg)을 구하시오

② 액체혼합물의 조성을 구하시오.

(풀이)

① 이 기체의 총압력 (mmHg)

위의 예제에서

$$P_B^*(50℃) = 10^{2.433} = 271.2\ mmHg$$

$$P_T^*(50℃) = 10^{1.964} = 92\ mmHg$$

Raoult식

$$P_B = y_B P = 0.6P = x_B P_B^*(T)$$

$$P_T = y_T P = 0.4\,P = x_T P_T^*(T)$$

$$x_B + x_T = 1 = \frac{0.6P}{P_B^*(50℃)} + \frac{0.4P}{P_T^*(50℃)}$$

$$1 = P\left(\frac{0.6}{271.2} + \frac{0.4}{92}\right)$$

P = 152.4 mmHg

※ 비응축성 기체가 없기 때문에 $y_B + y_T = 1$ 이다.

② 액체혼합물의 조성

$$P_B = y_B P = x_B P_B^*(T) \rightarrow 0.6 \times 152.4\ mmHg = x_B \times 271.2\ mmHg$$

$$\rightarrow x_B = 0.34,\ x_T = 1 - x_B = 0.66$$

(예제) 휘발성 혼합물의 끓는점 (Bubble Point) 계산

Acetone-Water (20 : 80 mole%) 혼합용액의 1 atm에서 끓는 온도를 구하시오. 1 atm에서 순수한 acetone의 끓는 온도 = 56℃, 순수한 water의 끓는 온도 = 100℃.

(풀이)

- Bubble point 식: $P_{total} = \sum P_i = \sum x_i P_i^*(T_{bp}) = 760\,mmHg$

$$0.2\,P_{acetone}^*\,(T_{bp}) + 0.8\,P_{H_2O}^*\,(T_{bp}) - 760 = 0 \qquad (1)$$

- 포화증기압식 (Antone식)

$$\log_{10} P_{H_2O}^* = 7.96681 - \frac{1668.21}{T_{bp} + 228}$$

$$\log_{10} P_{acetone}^* = 7.11714 - \frac{1210.595}{T_{bp} + 229.664}$$

- 두 Antone식을 bubble point식 (1)에 대입하고 식을 만족하는 T_{bp}값을 추정한다. 다음은 trial-error 방법으로 T_{bp}를 추정하는 예이다.
- 56℃ < T_{bp} < 100℃이므로 T_{bp} = 90℃라면

$$\log_{10} P_{H_2O}^* = 7.96681 - \frac{1668.21}{90 + 228} = 2.7209,\ P_{H_2O}^* = 10^{2.7209} = 525.9\,mmHg$$

$$\log_{10} P_{acetone}^* = 7.11714 - \frac{1210.595}{90 + 229.664} = 3.3301,\ P_{acetn}^* = 10^{3.3301} = 2138.5\,mmHg$$

식 (1) → $0.2\,P_{acetone}^*\,(T_{bp}) + 0.8\,P_{H_2O}^*\,(T_{bp}) - 760 = 88.42$

● T_{bp} = 70℃라면

$$\log_{10}P^*_{H_2O} = 7.96681 - \frac{1668.21}{70+228} = 2.3688,\ P^*_{H_2O} = 10^{2.3688} = 233.8\,mmHg$$

$$\log_{10}P^*_{acetone} = 7.11714 - \frac{1210.595}{70+229.664} = 3.0773,\ P^*_{acetn} = 10^{3.0773} = 1194.8\,mmHg$$

식 (1) $\rightarrow 0.2\,P^*_{acetone}\,(T_{bp}) + 0.8\,P^*_{H_2O}\,(T_{bp}) - 760 = -334.0$

● 따라서 70℃ < T_{bp} < 90℃ 이므로 내삽법 (interpolation)에 의해서

$$T_{bp} \approx 70℃ + \frac{90℃ - 70℃}{(88.42-(-334))\,mmHg}(0-(-334))\,mmHg = 85.8℃$$

● 위의 추정 결과를 check하기 위해서 T_{bp} = 85.8℃라면

$$\log_{10}P^*_{H_2O} = 7.96681 - \frac{1668.21}{85.8+228} = 2.6507,\ P^*_{H_2O} = 10^{2.6507} = 447.4\,mmHg$$

$$\log_{10}P^*_{acetone} = 7.11714 - \frac{1210.595}{85.8+229.664} = 3.2796,\ P^*_{acetn} = 10^{3.2796} = 1903.7\,mmHg$$

식 (1) $\rightarrow 0.2\,P^*_{acetone}\,(T_{bp}) + 0.8\,P^*_{H_2O}\,(T_{bp}) - 760 = -21.3$

식 (1)의 값이 0에 가까워진 것을 알 수 있다.

● 따라서 85.8℃ < T_{bp} < 90℃ 이므로 2차 내삽법 (interpolation)에 의해서

$$T_{bp} \approx 85.8℃ + \frac{90℃ - 85.8℃}{(88.42-(-21.3))\,mmHg}(0-(-21.3))\,mmHg = 86.6℃$$

● 위의 추정 결과를 check하기 위해서 T_{bp} = 86.6℃라면

$$\log_{10} P^*_{H_2O} = 7.96681 - \frac{1668.21}{86.6 + 228} = 2.6642,\ P^*_{H_2O} = 10^{2.6642} = 461.5\,mmHg$$

$$\log_{10} P^*_{acetone} = 7.11714 - \frac{1210.595}{86.6 + 229.664} = 3.2893,\ P^*_{acetn} = 10^{3.2893} = 1946.7\,mmHg$$

식 (1) → $0.2\,P^*_{acetone}\,(T_{bp}) + 0.8\,P^*_{H_2O}\,(T_{bp}) - 760 = -1.5$

● 따라서 최종적으로 T_{bp} = 86.6℃

※ Microsoft Excel 프로그램의 “데이터” → “가상분석” → “목표값 찾기” 기능을 이용해서 구한 T_{bp} = 86.66℃이며 (식 (1)의 값은 0.00028) 여기에서 trial-error에 의해서 구한 값과 매우 유사하다.

(예제) 비휘발성 용질 수용액의 끓는점 (Bubble Point) 계산

20 mol% 포도당 (glucose) 수용액의 끓는점 (끓는 온도)을 구하시오.

(풀이)

● Bubble point 식: $P_{total} = \sum P_i = \sum x_i P^*_i(T_{bp}) = 760\ mmHg$

$$0.2\,P^*_{glucose}\,(T_{bp}) + 0.8\,P^*_{H_2O}\,(T_{bp}) - 760 = 0 \quad \text{- (1)}$$

● 포화증기압식 (Antone식)

$$\log_{10} P^*_{H_2O} = 7.96681 - \frac{1668.21}{T_{bp} + 228}$$

$P^*_{glucose} = 0$ (포도당은 비휘발성물질이므로 포화증기압이 0이다)

● 따라서 bubble point식 $0.2 \times 0 + 0.8\,P^*_{H_2O}(T_{bp}) - 760 = 0$을 만족하는 T_{bp}값을 위의 예제와 같은 trial-error 과정으로 추정한다.

※ Microsoft Excel 프로그램의 "데이터" → "가상분석" → "목표값 찾기" 기능을 이용해서 구한 값: T_{bp} = 106.37℃

이 때 $\log_{10} P^*_{H_2O} = 7.96681 - \dfrac{1668.21}{106.37 + 228} = 2.9777,\ P^*_{H_2O} = 949.9\,mmHg$

식 (1)의 값은 $0.2 \times 0 + 0.8\,P^*_{H_2O}(106.37℃) - 760 = -0.04$

※ 비휘발성물질인 포도당을 물에 첨가해서 용액의 끓는 온도가 6.37℃ 만큼 높아졌다.
※ 이 용액의 끓는점은 다음 장에 설명된 끓는점 오름식 (총괄성질)을 이용해서 구할 수도 있다.

(예제) 휘발성 혼합물의 이슬점 (Dew Point) 계산

기체의 조성 (mol%)이 50 mole% benzene과 50 mole% toluene이다. 1 atm에서 이 기체의 이슬점과(℃) 이슬점에서 평형액체의 mol분율 조성을 ① T_{xy} diagram으로부터 그리고 ② 이슬점 식으로부터 구하시오.

(풀이)

① 도표 (T_{xy} diagram의 vapor line)로부터 $y_{benzene}$ = 0.5일 때 T_{dp} = 98℃

T_{xy} diagram의 liquid line에서 T_{dp} = 98℃일 때,

액체조성 몰분율: $x_{benzene}$ = 0.28, $x_{toluene}$ = 0.72

② 이슬점 식

$$1=\sum x_i=\sum\frac{y_iP}{P_i^*(T_{dp})}=0.5\times 760\,mmHg\,(\frac{1}{P_B^*(T_{dp})}+\frac{1}{P_T^*(T_{dp})})$$

Antoine식

$$\log_{10}P_B^*=6.89272-\frac{1203.531}{T_{dp}+219.888}$$

$$\log_{10}P_T^*=6.95805-\frac{1346.773}{T_{dp}+219.693}$$

Microsoft Excel 프로그램의 “데이터” → “가상분석” → “목표값 찾기”:

T_{dp} = 98.75℃

- T_{dp} = 98.75℃에서 $P_B^*=1305\,mmHg$, $P_T^*=535.6\,mmHg$

$$x_B=\frac{y_BP}{P_B^*(T_{dp})}=0.5\times 760\,mmHg/1305\,mmHg=0.29$$

$$x_T=\frac{y_TP}{P_T^*(T_{dp})}=0.5\times 760\,mmHg/535.6\,mmHg=0.71$$

※ $x_B + x_T$ = 0.29 + 0.71 = 1.00을 확인

4.3 기타 다상계

1) 총괄성질 (Colligative Property)

총괄성질: 비휘발성 (nonvolatile) 용질과 휘발성 (volatile) 용매가 섞여있는 혼합용액의 경우, 비휘발성인 용질의 개수 (몰수)에 비례하고 용질의 종류와는 관계없는 용액의 성질

3종류의 총괄성질: 끓는점 오름 (Elevation of Boiling Point)
어는점 내림 (Depression of Freezing Point)
삼투압 (Osmotic Pressure)

x = 비휘발성 용질의 몰분율

m = 비휘발성 용질의 몰랄농도 (mol/kg)

M_0 = 휘발성 용매의 분자량

$$x = \frac{n_{solute}}{n_{solute} + n_{solvent}} \simeq \frac{n_{solute}}{n_{solvent}} = \frac{m}{1000/M_0} = \frac{M_0}{1000}m$$

(1) 끓는점 오름 (ΔT_b) 식

$$\Delta T_b = T_{bs} - T_{b0} = \frac{RT_{b0}^2}{\Delta \widehat{H}_v}x \qquad \Delta T_b = [\frac{RT_{b0}^2 M_0}{1000\,\Delta \widehat{H}_v}]m = K_b m$$

K_b = 끓는점 오름 상수 (Boiling-Point-Elevation Constant)

T_{bs} = 혼합용액의 끓는 온도

T_{b0} = 순수한 휘발성 용매의 끓는 온도

$\Delta \widehat{H}_v$ = 순수한 휘발성 용매의 증발열

(2) 어는점 내림 (ΔT_m) 식

$$\Delta T_m = T_{m0} - T_{ms} = \frac{RT_{m0}^2}{\Delta \hat{H}_m} x \quad \Delta T_m = [\frac{RT_{m0}^2 M_0}{1000 \Delta \hat{H}_m}] m = K_f m$$

K_f = 어는점 내림 상수 (Freezing-Point-Depression Constant)

T_{ms} = 혼합용액의 어는 온도

T_{m0} = 순수한 휘발성 용매의 어는 온도

$\Delta \hat{H}_m$ = 순수한 휘발성 용매의 용해열

(3) 삼투압 (π)식

$\pi V = n_{solute} RT$

V = 용액의 전체부피

n_{solute} = 비휘발성 용질의 몰수

2) 액체–액체 추출 (Extraction)과 삼성분계 (Ternary System)

서로 잘 섞이지 않는 두 액체를 이용해서 제 3의 물질을 분리하는 방법:

(예) 물-acetone 혼합액에 물과 섞이지 않는 methyl isobutyl ketone을 가해서 아세톤을 물로부터 분리하는 추출방법

분배계수 (Distribution coefficient (K)): $K = \frac{(x_A) mibk - phase}{(x_A) water - phase}$

x_A = acetone의 질량분율

액-액 추출은 세종류의 물질계 (three component)이므로 다음과 같은 상도표를 사용한다.

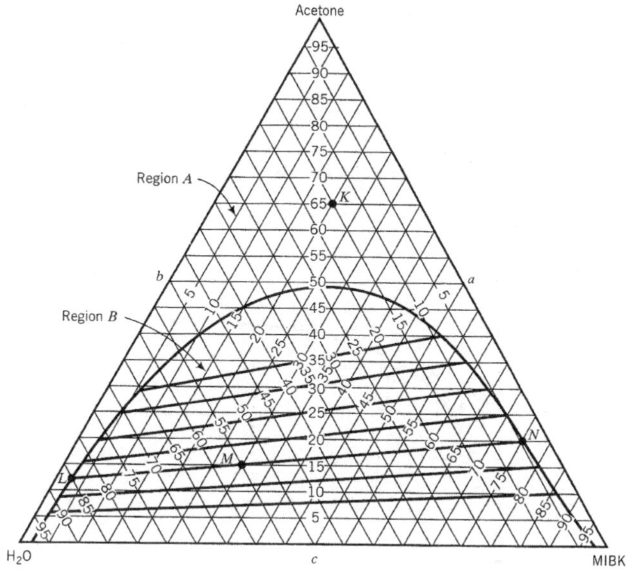

Triangular phase diagram for H_2O-acetone-methyl isobutyl ketone (mass%) at 25℃

(Othmer DF, White RE, and Trueger E, *Ind Eng Chem* 33: 1240, 1941)

3) 등온흡착식 (Adsorption Isotherm)

일정한 온도에서 성분 i 가 고형 흡착제와 액체 (또는 기체) 사이에서 평형을 이룰 때 흡착량 (X_i^*)과 농도 (p_i 또는 C_i)사이의 식:

Langmuir Isotherm: $X_i^* = \dfrac{aK_L p_i}{(1+K_L p_i)}$ $\qquad$ $X_i^* = \dfrac{aK_L C_i}{(1+K_L C_i)}$

Linearized Isotherm: $\dfrac{1}{X_i^*} = \dfrac{1}{aK_L p_i} + \dfrac{1}{a}$ $\quad$ $\dfrac{1}{X_i^*} = \dfrac{1}{aK_L C_i} + \dfrac{1}{a}$

a = 최대 흡착량 (g/g)

K_L = 흡착평형상수

X_i^* = 평형상태에서 흡착량 (g/g)

p_i = 평형상태에서 기체상에서 i 성분의 분압

C_i = 평형상태에서 액체상에서 i 성분의 농도

성분 i의 농도가 높을 경우 ($1 \ll K_L C_i$): $X_i^* = a$ (흡착량 = 최대흡착량)

성분 i의 농도가 낮을 경우 ($1 \gg K_L C_i$): $X_i^* = aK_L p_i$ 또는 $X_i^* = aK_L C_i$

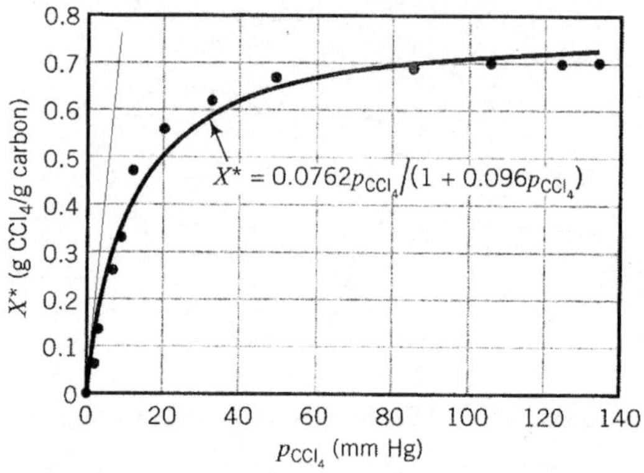

Langmuir isotherm for the adsorption of carbon tetrachloride on activated carbon at 34℃

(예제) 총괄성질

비휘발성 물질인 Urea (MW = 60) 수용액의 끓는 온도는 100.57℃이고 어는 온도는 -2.07℃이다.

① 이 수용액에서 urea의 몰랄농도 (mol/kg)를 구하시오.

② H_2O의 용융열 (heat of fusion ($\Delta \widehat{H}_m (H_2O)$, kJ/mol)을 계산하시오. $\Delta \widehat{H}_v (H_2O)$ = 40.6 kJ/mol

(풀이)

① 몰랄농도 m

$$\Delta T_b = T_{bs} - T_{b0} = \frac{RT_{b0}^2}{\Delta \widehat{H}_v} x$$

$$100.57 - 100 = \frac{RT_{b0}^2}{\Delta \widehat{H}_v} x = \frac{8.314 \times (373K)^2}{40600} x$$

x = 0.02

$$x = 0.02 = \frac{m}{1000g/18 + m} \rightarrow m = 1.13 \text{ mol/kg } H_2O$$

② 용융열

$$\Delta T_m = T_{m0} - T_{ms} = \frac{RT_{m0}^2}{\Delta \widehat{H}_m} x = 0 - (-2.07) = 2.07$$

$$\frac{8.314\,(273K)^2}{\Delta \widehat{H}_m} 0.02 = 2.07$$

$$\Delta \widehat{H}_m (H_2O) = 6 \text{ kJ/mol}$$

종합문제

(예제) 휘발성 혼합물의 이슬점 (Dew Point)을 Raoult식으로 계산

기체의 조성 (mol%)이 60 mole% benzene과 40 mole% toluene이다. 1 atm에서 이 기체의 이슬점(℃)을 T_{xy} 도표 대신 Raoult식을 이용해서 구하시오. Benzene과 toluene의 Antoine식은 각 각 다음과 같다.

$$\log_{10} P_B^* (mmHg) = 6.89272 - \frac{1203.531}{T(℃) + 219.888}$$

$$\log_{10} P_T^* (mmHg) = 6.95805 - \frac{1346.773}{T(℃) + 219.693}$$

(풀이)

이슬점 (Dew Point) 식: $1 = \sum x_i = \sum \frac{y_i P}{P_i^*(T_{dp})}$

$$1 = \frac{0.6 \times 760\, mmHg}{P_B^*(T_{dp})} + \frac{0.4 \times 760\, mmHg}{P_T^*(T_{dp})}$$

- T_{dp} = 90℃라고 가정하면

$$\log_{10} P_B^*(mmHg) = 3.009 \qquad P_B^*(mmHg) = 10^{3.009} \approx 1021\, mmHg$$

$$\log_{10} P_T^*(mmHg) = 2.609 \qquad P_T^*(mmHg) = 10^{2.609} \approx 406.7\, mmHg$$

$$\sum x_i = \frac{0.6 \times 760\, mmHg}{1021\, mmHg} + \frac{0.4 \times 760\, mmHg}{406.7 mmHg} = 1.194 > 1$$

∴ 90℃는 이슬점 이하의 온도

● T_{dp} = 100℃라고 가정하면

$$\log_{10} P_B^*(mmHg) = 3.130 \qquad P_B^*(mmHg) = 10^{3.130} \approx 1350\, mmHg$$

$$\log_{10} P_T^*(mmHg) = 2.7453 \qquad P_T^*(mmHg) = 10^{2.7453} \approx 556.3\, mmHg$$

$$\sum x_i = \frac{0.6 \times 760\, mmHg}{1350\, mmHg} + \frac{0.4 \times 760\, mmHg}{556.3 mmHg} = 0.884 < 1$$

∴ 100℃는 이슬점 이상의 온도

● 90℃ < T_{dp} < 100℃이므로 위의 두 결과를 이용해서 내삽법으로 구하면

$$T_{dp} = 90℃ + \frac{100 - 90}{0.884 - 1.194}(1 - 1.194) \approx 96.3℃$$

※ Microsoft Excel 프로그램의 "데이터" → "가상분석" → "목표값 찾기" 기능을 이용해서 구한 값: T_{bp} = 95.8℃

(예제) 끓는점 (Bubble Point) 계산

50 mol% ethanol과 50 mol% water 혼합액체의 2 atm에서 ① 끓는 온도 (℃)를 구하고 ② 이 끓는 온도에서 첫 기포 (bubble) 안의 몰분율 조성을 계산하시오.

Antoine식:

$$\log_{10} P_{Ethanol}^*(mmHg) = 8.1122 - \frac{1592.864}{T(℃) + 226.184}$$

$$\log_{10} P_{H_2O}^*(mmHg) = 7.96681 - \frac{1668.21}{T(℃) + 228}$$

(풀이)

① 끓는점에서 Raoult식:

P = 2 x 760 mmHg = 0.5 $P_{Ethanol}^*$ (T_{bp}) + 0.5 $P_{H_2O}^*$ (T_{bp})

1520 - [0.5 $P^*_{Ethanol}$ (T_{bp}) + 0.5 $P^*_{H_2O}$ (T_{bp})] = 0 - (1)

$$\log_{10} P^*_{Ethanol} = 8.1122 - \frac{1592.864}{T_{bp}(℃) + 226.184} \quad - (2)$$

$$\log_{10} P^*_{H_2O} = 7.96681 - \frac{1668.21}{T_{bp}(℃) + 228} \quad - (3)$$

위 3식울 이용해서 T_{bp}룰 구한다.

※ Microsoft Excel 프로그램의 "데이터" → "가상분석" → "목표값 찾기" 기능을 이용해서 구한 값: T_{bp}= 106.26 ℃

②

- T_{bp}= 106.26 ℃에서 각 성분의 포화증기압을 Antoine식으로부터 구한다.

$$\log_{10} P^*_{Ethanol} = 8.1122 - \frac{1592.864}{106.26(℃) + 226.184} \rightarrow P^*_{Ethanol} = 2093.3 \text{ mmHg}$$

$$\log_{10} P^*_{H_2O} = 7.96681 - \frac{1668.21}{106.26(℃) + 228} \rightarrow P^*_{H_2O} = 946.4 \text{ mmHg}$$

- Raoult식을 이용해서 증기의 몰분율 조성을 계산한다.

$$y_{Ethanol} = \frac{x_{Ethanol} P^*_{Ethanol}}{P} = \frac{0.5 \times 2093.3}{1520} = 0.69$$

$$y_{H_2O} = \frac{x_{H_2O} P^*_{H_2O}}{P} = \frac{0.5 \times 946.4}{1520} = 0.31$$

※ $y_{H_2O} + y_{Ethanol} = 0.31 + 0.69 = 1$을 확인

(문제) 끓는점 오름

1 atm에서 NaCl 100 g이 물 1 kg에 녹아있다. $\Delta \widehat{H}_v(H_2O)$ = 40.6 kJ/mol

① NaCl수용액의 끓는 온도를 끓는점 오름 (ΔT_b)식을 이용해서 구하시오.

② NaCl수용액의 끓는 온도를 Raoult식을 이용해서 구하시오.

③ 50℃에서 NaCl용액과 평형인 기체의 H_2O의 분압 (mmHg)을 구하시오.

H_2O의 Antoine식: $\log_{10} P^*_{H_2O}(mmHg) = 7.96681 - \dfrac{1668.21}{T(℃) + 228}$

(풀이)

100 g NaCl x $\dfrac{1\,mol\,NaCl}{58.45\,g\,NaCl}$ = 1.71 mol NaCl

Na^+ + Cl^- : 2 x 1.71 = 3.42 mol

1 kg H_2O → 55.6 mol H_2O

x_{ions} (Na^++ Cl^-이온의 몰분율) = 3.42/(3.42 + 55.6) = 0.058

① 끓는점 오름 (ΔT_b)식

$$\Delta T_b = T_{bs} - T_{b0} = \frac{RT_{b0}^2}{\Delta \widehat{H}_v} x = \frac{8.314 \dfrac{J}{mol \cdot K} \times (100 + 273)K^2}{40600 \dfrac{J}{mol}} \times 0.058 = 1.65$$

∴ T_{bp} = 101.65℃

② Raoult식

$$760\ \text{mmHg} = 0.058\ P^*_{ions\,(Na^+ + Cl^-)}\ (T_{bp}) + (1\text{-}0.058)\ P^*_{H_2O}\ (T_{bp})$$

$$= (1\text{-}0.058)\ P^*_{H_2O}\ (T_{bp})$$

$$= 0.942\ P^*_{H_2O}\ (T_{bp})$$

$$P^*_{H_2O}\ (T_{bp}) = 760/0.942 = 806.8\ \text{mmHg}$$

$$\log_{10} P^*_{H_2O}\,(mmHg) = \log_{10} 806.8 = 2.9068 = 7.96681 - \frac{1668.21}{T_{bp}\,(℃) + 228}$$

$\therefore\ T_{bp} = 101.68℃$

③ 50℃에서 H_2O의 분압 (mmHg)

50℃에서 H_2O의 포화증기압: $\log_{10} P^*_{H_2O} = 7.96681 - \dfrac{1668.21}{50\,(℃) + 228} = 1.966$

$$P^*_{H_2O}\ (50℃) = 101.966 = 92.5\ \text{mmHg}$$

Raoult식으로부터,

$P_{H2O} = (1\text{-}x_{ions}) \cdot P^*_{H2O}\ (50℃) = (1 - 0.058) \text{x} 92.5\ \text{mmHg} = 87.14\ \text{mmHg}$

(문제) 총괄성질

비휘발성 물질 100 g이 ethanol 1 kg에 용해되었다. 이 혼합액의 끓는점은 1 atm에서 79.0℃로 측정되었다. 이 혼합물에서 비휘발성 용질의 몰분율을 구하고 분자량을 계산하시오.

Ethanol: MW = 46 g/mol T_{bp} = 78.5℃ (351.65K) $\Delta \widehat{H}_v = 38.58\,kJ/mol$

(풀이)

① 끓는점 공식 이용

$\Delta T_b = T_{bs} - T_{b0} = 79.0 - 78.5 = 0.5℃$

$$\Delta T_b = 0.5℃ = \frac{RT_{b0}^2}{\Delta \widehat{H}_v} x = \frac{8.314 \frac{J}{mol \cdot K} \times (351.65K)^2}{38580\, J/mol} x = 26.65x$$

x = 0.0188

$$x = 0.0188 = \frac{100/MW}{100/MW + 1000/46} \rightarrow MW = 240$$

● 용질의 몰분율 = 0.0188

● 용질의 분자량 (MW) = 240

② Raoult의 식 이용

Antoine식: $\log_{10} P^*_{ethanol} = 8.1122 - \frac{1592.864}{79℃\,(T) + 226.184}$

79℃에서 ethanol의 포화증기압: $P^*_{ethanol} = 781.3\, mmHg$

끓는점에서 Raoult식:

P = 760 mmHg = $x_{solute} P^*_{solute} + x_{ethanol} P^*_{ethanol} = (1 - x_{solute})\ P^*_{ethanol}$

x_{solute} = 1 - 760/781.3 = 0.028

$$x_{solute} = 0.028 = \frac{100/MW}{100/MW + 1000/46} \rightarrow MW = 166$$

● 용질의 몰분율 = 0.028

● 용질의 분자량 (MW) = 166

※ 끓는점오름 공식을 이용한 결과와 Raoult식을 이용한 결과가 서로 다르다.

(문제) 흡착등온식 (포화흡착)

100 L tank에 air-NH_3 혼합기체가 1 atm 25℃에 있다. 기체혼합물의 NH_3의 상대포화도는 5%이다. 혼합기체 중 NH_3를 제거하기 위해서 활성탄 (Activated carbon) 100 g이 tank에 투입되고 tank가 밀봉되어서 25℃로 유지된다. 가해진 activated carbon의 부피는 무시한다.

① 25℃에서 NH_3의 포화증기압 P^*_{NH3}을 계산하시오.
② 흡착 전 초기 혼합기체에서 NH_3의 분압, P_{NH3}을 계산하시오.
③ 흡착 전 초기 혼합기체의 NH_3의 질량 (g)을 계산하시오.
④ activated carbon에 흡착된 NH_3의 질량 (g)을 계산하시오.
⑤ 흡착 후 최종 기체의 NH_3의 분압, P_{NH3}을 계산하시오.

모든 압력 단위는 mmHg.

흡착등온식: $X^*(\frac{g\, NH_3\, adsorbed}{g\, carbon}) = \frac{0.15\, P_{NH_3}(mmHg)}{15 + P_{NH_3}(mmHg)}$

$\log_{10} P^*_{NH_3}(mmHg) = 7.55466 - \frac{1002.711}{25℃ + 247.885}$

(풀이)

① 25℃에서 NH_3의 포화증기압, P^*_{NH3}

Antoine 식:

$$\log_{10} P^*_{NH_3}(mmHg) = 7.55466 - \frac{1002.711}{25℃ + 247.885} = 3.880$$

$$P^*_{NH_3}(mmHg) = 10^{3.88} = 7589\, mmHg$$

② 흡착 전 혼합기체의 초기 NH_3의 분압, P_{NH3}.

포화도가 5%이므로 P_{NH3} = $0.05P^*_{NH3}$ = 0.05x7589 mmHg =380 mmHg

③ 흡착 전 초기 혼합기체의 NH_3의 질량 (g)

이상기체상태방정식을 사용하면

$$n_{NH_3} = \frac{P_{NH_3}V}{RT} = \frac{\dfrac{380\, mmHg}{760\, mmHg/1\, atm} \times 100L}{0.082 \times (273+25)\, K} = \frac{0.5\, atm \times 100\, L}{0.082 \times 298\, K} = 2.05\, mol$$

NH_3의 질량 = 2.05 x 17 = 35 g

④ activated carbon에 흡착된 NH_3의 질량 (g)

흡착 전 P_{NH3} = 380 mmHg >> 15 이므로 흡착 후 NH_3의 분압 >> 15로 가정한다. 그러면

흡착등온식: $X^*(\frac{g\, NH_3\, adsorbed}{g\, carbon}) = \frac{0.15\, P_{NH_3}(mmHg)}{15 + P_{NH_3}(mmHg)} \approx \frac{0.15\, P_{NH_3}}{P_{NH_3}} \approx 0.15$

※ 위의 흡착등온식에서 NH_3의 분압 P_{NH3}은 흡착 후 평형상태인 최종 혼합기체 안에서 NH_3의 분압이다.

흡착된 NH_3질량 = 0.15 x activated carbon의 질량 = 0.15 x 100 g = 15 g

⑤ 흡착 후 최종 기체의 NH_3의 분압, P_{NH3}

흡착하지 않고 기체에 남은 NH_3의 mol = (35 - 15) g/17 = 1.176 mol

이상기체상태방정식:

$$P_{NH_3} = \frac{n_{NH_3}RT}{V} = \frac{1.176\,mol \times 0.082 \times 298K}{100\,L} = 0.287 \text{ atm (218 mmHg)}$$

※ 평형상태인 최종 혼합기체 안에서 NH3의 분압 = 218 mmHg >> 15 이므로

$X^*(\frac{g\,NH_3\,adsorbed}{g\,carbon}) \approx 0.15$ 이라고 가정해도 큰 오차가 없을 것으로 생각할 수 있다.

(문제) 흡착등온식(불포화흡착)

공기 (MW = 29)와 CCl_4 (MW = 154) 혼합기체가 10 L tank에 1 atm 25℃로 저장되어 있다. CCl_4의 포화도는 30%이다. 이 기체에 활성탄소 (activated carbon) 10 g을 가해서 CCl_4를 흡착시켰다. 활성탄소의 Langmuir isotherm 상수는 a = 0.794 g CCl_4/g activated carbon, K_L = 0.096 $mmHg^{-1}$이다. 흡착 후 최종온도는 25℃이다. 기체는 이상기체로 가정하시오.

$$\text{흡착등온식: } X^*(\frac{g\,CCl_4\,adsorbed}{g\,carbon}) = \frac{aK_L P_{CCl_4}(mmHg)}{1 + K_L P_{CCl_4}(mmHg)}$$

$$\log_{10} P^*_{CCl4}(mmHg) = 6.87926 - \frac{1212.021}{T(℃) + 226.409}$$

① Tank안의 초기 혼합기체 내의 공기와 CCl_4의 질량을 계산하시오.

② 흡착 후 tank 내의 CCl_4의 분압(mmHg)과 활성탄 1 g에 흡착된 CCl_4의 질량 (g)을 계산하시오.

③ 활성탄 10 g에 흡착된 CCl_4의 질량과 기체에 잔류하는 CCl_4의 질량을 각 각 구하시오.

(풀이)

① 25℃에서 CCl_4의 증기압:

$$\log_{10} P^*_{CCl4}(mmHg) = 6.87926 - \frac{1212.021}{25℃ + 226.409} = 2.0583$$

$$P^*_{CCl4}(mmHg) = 10^{2.0583} = 114.37\, mmHg$$

• CCl_4의 포화도가 30%이므로, CCl_4의 분압은:

$PCCl_4 = 0.3 * P^*CCl_4 = 0.3 * 114.37 = 34.31$ mmHg

• CCl_4의 질량:

$m_{CCl4}=P_{CCl4}VxMW/RT=34.31$ mmHgx10 Lx154/(760x0.082x298)=2.845 g

• Air의 질량:

$m_{Air}=P_{Air}VxMW/RT=(760-34.31$ mmHg)x10 Lx29/(760x0.082x298)=11.33 g

②

• 최종 평형상태에서

활성탄소에 흡착된 CCl_4의 질량 (g) = 10 X*

기체에 남아있는 CCl_4의 질량 (g) = p_{CCl4}(mmHg)x10x154/(760x0.082x298)

= 0.0829 p_{CCl4} (mmHg)

• 초기와 최종 평형상태에 대한 CCl_4의 물질수지식

2.845 = 10 X* + 0.0829 p_{CCl4} --- Ⓐ

• 최종 평형상태에서, CCl_4에 대한 Langmuir isotherm

$X^* = aK_Lp_{CCl4}/(1+K_Lp_{CCl4}) = 0.794x0.096\ p_{CCl4}/(1+0.096\ p_{CCl4})$ --- Ⓑ

- Ⓐ식과 Ⓑ식으로부터

p_{CCl4} = 4.67 mmHg

X^* = 0.246 g CCl_4/g

③

- 기체에 잔류하는 CCl_4 질량 = 0.0829 p_{CCl4} (mmHg) = 0.0829x4.67 = 0.387 g
- 10 g 활성탄에 흡착된 CCl_4의 질량 = 10x0.246 = 2.46 g
- CCl_4에 대한 물질수지: 초기 질량 = 2.845 g

최종 질량 = 0.387 + 2.46 = 2.847 g

제5장

화학반응

5.1 화학반응식 (Stoichiometric Equation)

1) 화학반응식 규칙

- 반응물질은 반응식의 왼편에, 생성물질은 반응식의 오른편에 나타낸다.
- 반응물질들과 생성물질들을 구성하는 원자의 종류와 mol수는 동일하다. 이를 위해서 필요한 각 반응물질의 mol수를 화학반응계수 (Stoichiometric Coefficient, ν_i) 라고 한다.
- 반응물질들의 화학반응계수는 음의 값으로 생성물질들의 화학반응계수는 양의 값으로 표시한다.

(예) 수소와 산소의 반응에 의한 물의 생성반응식

$$2H_2\ (g) + O_2\ (g) = 2H_2O\ (g)$$

화학물질:	H_2 (g)	O_2 (g)	H_2O (g)
화학반응계수 (ν_i):	-2	-1	+2

● 한정반응물 (Limiting Reactant): 반응에 의해서 가장 빨리 소모되는 반응물질. 반응초기의 mol수와 화학반응계수의 절대 값의 비가 가장 작은 반응물질

● 과잉반응물 (Excess Reactants): 한정반응물이 소모되어 반응이 완결된 후에도 잔류량이 존재하는 반응물질들

● 과잉백분율 (% excess) = $\dfrac{n_o - n_s}{n_s} \times 100$

n_s = 한정반응물이 완전히 반응하기 위해서 필요한 과잉반응물의 양 (mol)
n_o = 과잉반응물의 초기 양 (mol).

● 반응진행도 (Reaction Extent, ξ): 단위 = mol

$$\xi = \frac{n_i - n_{io}}{\nu_i}$$

n_{io} = 물질 i의 초기 mol수
n_i = 물질 i의 반응 후 남은 최종 mol 수
ν_i = 반응물질 i의 화학반응계수

※ 반응진행도 ξ는 반응물이나 생성물 중 어느 물질 i를 기준으로 계산하더라도 동일한 값을 가진다.

● 전환율 (Conversion)= $\dfrac{n_{i,input} - n_{i,output}}{n_{i,\,input}}$

2) 복수반응

- 주반응 (Main Reaction): 하나 이상의 반응 중 목표로 하는 물질을 생성하는 반응.
  주반응 생성물 (Desired Product) = 주반응에 의한 생성물

- 부반응 (Side Reactions): 주반응을 제외한 다른 반응. 부산물 = 부반응의 생성물

- 수율 (Yield): 여러 반응이 동시에 진행될 경우 반응수율은 다음과 같이 여러 가지로 정의될 수 있다.

수율 ① $= \dfrac{n_i}{n_i^{\max}}$

n_i = 주반응 생성물의 생성 mol수
$n_i^{\max}$ = 부반응이 일어나지 않고 주 반응만 일어날 경우 한정반응물이 100% 반응하였을 때, 생성되는 생성물의 mol수.

수율② = 주반응 생성물의 생성 mol수/도입된 반응물의 mol수

수율③ = 주반응 생성물의 생성 mol수/반응물의 소모된 mol수

- 선택도 (Selectivity) = 주반응 생성물의 생성 mol수/부산물의 생성 mol수

- 복수반응의 반응진행도 (ξ_j)

반응진행도 ξ_j는 각 반응 (j)에 대해서 지정된다. 또한 각 성분의 mol수와 반응진행도의 관계는 다음과 같은 식으로 표시된다.

$$n_i = n_{i0} + \sum_{j=1}^{k} \nu_{ij}\xi_j$$

n_i = 임의의 반응시간에서 성분 i의 mol수

n_{io} = 성분 i의 반응초기 mol수

ν_{ij} = 반응식 j에서 성분 i의 반응계수

k = 반응의 개수

ξ_j = 반응 j의 반응진행도

3) 재순환 반응기 (Recycle Reactor)

반응 후 잔류하는 반응물질을 회수해서 다시 반응기에 유입시키는 반응기.

- 전체전환율 (Overall Conversion)

$$= \frac{\text{reactant input to process} - \text{reactant output from process}}{\text{reactant input to process}}$$

- 단일통과 전환율 (Single-Pass Conversion)

$$= \frac{\text{reactant input to reactor - reactant output from reactor}}{\text{reactant input to reactor}}$$

예를 들어 반응 A → B반응이 일어나는 recycle reactor의 공정도는 다음과 같다. 반응기에서 A의 80%가 반응하며 반응 후 미 반응한 20%의 A는 separator에서 생성물 B와 분리되어 반응기에 재 유입되고 생성물 B는 최종 생성된다.

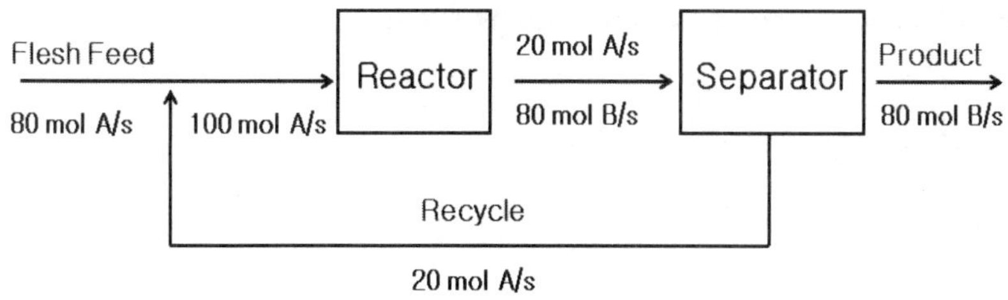

반응물질 A의 전체전환율 $= \dfrac{80-0}{80} = 1$

반응물질 A의 단일통과 전환율 $= \dfrac{100-20}{100} = 0.8$

- 재순환비 (Recycle Ratio)

Recycle Ratio = 재순환 총유량/fresh feed 총유량

위 공정 예의 경우 Recycle Ratio = 20/80 = 1/4

(예제) 한정반응물과 과잉반응물

다음 propane의 산화반응에서 반응초기에 propane이 10 mol, 산소가 20 mol이 존재할 경우 한정반응물과 과잉반응물을 결정하고 과잉반응물의 과잉백분율 (%)을 계산하시오.

$$C_3H_8\ (g) + 5\ O_2\ (g) = 3\ CO_2\ (g) + 4\ H_2O\ (g)$$

(풀이)

각 반응물질들의 반응초기 mol수와 화학반응계수의 절대 값의 비를 구한다.

반응물질	:	C_3H_8 (g)	O_2 (g)
초기 mol수 (n_{io})	:	10	20
화학반응계수 (ν_i)	:	-1	-5
nio/ $\mid \nu_i \mid$	:	10/1 = 10	20/5 = 4

산소분자의 초기 mol수와 화학반응계수의 절대 값의 비가 propane의 경우 보다 작으므로 산소가 한정반응물이고 propane이 과잉반응물이다. 반응이 완결되면 산소는 완전히 소모되며 propane은 4 mol이 반응하고 6 mol이 잔류한다.

한정반응물인 산소 20 mol의 완전한 소모를 위해서 필요한 propane의 양은 4 mol이다. 즉 n_s = 4 mol.

과잉반응물인 propane의 과잉백분율 (% excess):

$$\%\ \text{excess} = \frac{n_o - n_s}{n_s} \times 100 = \frac{10-4}{4} \times 100 = 150\%$$

(예제) 반응진행도 계산

반응기로의 유입속도가 질소는 100 mol/s 수소는 120 mol/s이다. 반응기에서는 다음 식과 같이 암모니아가 생성된다.

N_2 + 3 H_2 --> 2 NH_3

수소의 전환율이 70%일 때, 반응진행도 ($\dot{\xi}$)의 값을 구하시오.

(풀이)

반응 진행도 ($\dot{\xi}$)를 구하는 다음의 일반식을 이용한다.

$$\dot{\xi} = \frac{\dot{n}_i - \dot{n}_{io}}{\nu_i} \quad \rightarrow \dot{n}_i = \dot{n}_{io} + \nu_i \dot{\xi}$$

수소의 전환율이 70%이면 반응기 출구에서 수소의 흐름속도는 120 mol/s x 0.3 = 36 mol/s. 반응진행도는

$$36 = 120 - 3\dot{\xi}$$

$$\dot{\xi} = (120\text{-}36)/3 = 28 \text{ mol/s}$$

(예제) 반응진행도 계산

다음 ethylene의 산화에 의한 ethylene oxide 생성반응에서 반응 초기에 ethylene은 100 mol, 산소는 100 mol, ethylene oxide는 0 mol이 있다. 반응 후 산소의 최종 잔류 mol수가 80 mol일 경우 반응진행도 값을 구하시오.

2 C_2H_4 + O_2 = 2 C_2H_4O

(풀이)

산소분자를 기준으로 반응진행도를 계산하면,

$\xi = (n_i - n_{io}) / \nu_i = (80 - 100)\ mol / (-1) = 20\ mol$

(예제) 수율계산

다음 ethane의 탈수소반응 (1)과 생성된 수소와 ethane사이의 부반응인 수소화 반응 (2)가 동시에 진행된다.

$C_2H_6 \rightarrow C_2H_4 + H_2$ (1)

$C_2H_6 + H_2 \rightarrow 2CH_4$ (2)

연속반응기에서 ethane의 유입량이 100 mol/h이고, ethane의 전환율이 80%, ethylene yield ①이 60%일 때 ethylene의 선택도 (selectivity), 수율②, 수율③를 구하시오.

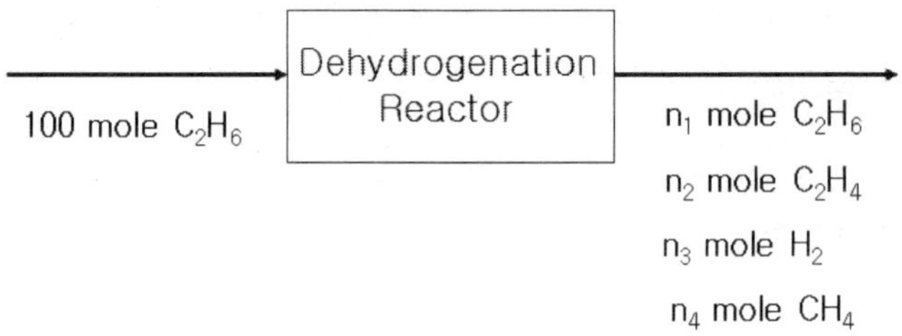

(풀이)

계산기준 (Basis): 1 h

- 반응진행도식: $n_i = n_{i0} + \sum_{j=1}^{k} \nu_{ij}\xi_j$

$$n_1 = n_{1o} - \xi_1 - \xi_2 = 100 - \xi_1 - \xi_2$$

$$n_2 = \xi_1$$

$$n_3 = \xi_1 - \xi_2$$

$$n_4 = 2\xi_2$$

ethane의 전환율 = 80%: $n_1 = n_{1o}(1-0.8) = 20\,mol$

ethylene yield ① = 60%:

ethylene의 최대가능생성 mol = 100 mol

n_2 = ethylene의 최대가능생성 mol x yield ① = 60 mol

위의 식들을 풀이하면

$n_1 = 20\,mol,\ n_2 = 60\,mol,\ n_3 = 40\,mol,\ n_4 = 40\,mol$

$\xi_1 = 60\ mol,\ \xi_2 = 20\ mol$

생성물의 총 mol수 = 20 + 60 + 40 + 40 = 160 mol

ethylene의 선택도 (selectivity) = $\dfrac{n_2}{n_4} = \dfrac{60}{40} = 1.5\,\dfrac{mol\ C_2H_4}{mol\ CH_4}$

수율 ② = n_2/ethane fed = 60/100 = 0.6

수율 ③ = n_2/ethane reacted = 60/80 = 0.75

(예제) 복수반응

Ethanol (C_2H_5OH)이 ethylene (C_2H_4)과 steam (H_2O) 사이의 수화반응 (hydration)에 의해서 생성된다. 생성된 ethanol의 일부분은 부반응에 의해서 diethyl ether ($(C_2H_5)_2O$)로 변한다. 이 반응식들은 아래와 같다.

$C_2H_4 + H_2O \text{ --> } C_2H_5OH$ - 주반응

$2C_2H_5OH \text{ --> } (C_2H_5)_2O + H_2O$ - 부반응

100 mole Ethylene과 200 mole steam (H_2O)이 반응기로 유입된다. Ethylene의 전환율 (conversion)이 60%이다. 주반응에 의해서 생성된 ethanol의 20%는 부반응에 의해서 diethyl ether로 변한다.

① Ethanol의 수율 (yield)을 계산하시오.

② Ethanol의 diethyl ether에 대한 선택도 (selectivity)를 계산하시오.

(풀이)

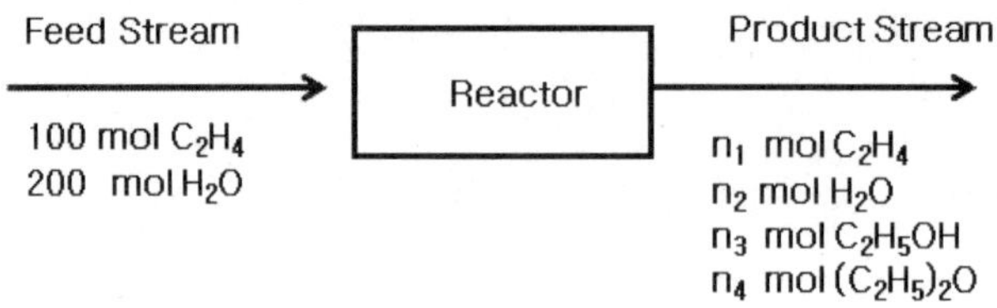

Ethylene의 전환율 (conversion) 60% → n_1 = 40 mol

20% 부반응 → n_3 = 60 x 0.8 = 48 mol

n_4 = 60 x 0.2 x 1 mol $(C_2H_5)_2O$ / 2 mol C_2H_5OH = 6 mol

n_2 = 200 - 60 + 6 = 146 mol

① Ethanol의 수율 (yield) = 생성량 (n_3)/최대가능생성량

= 48 mol/100 mol = 0.48

※ Ethanol의 최대가능생성량은 부반응이 없고 주 반응만 있다고 가정하고 한정반응물의 전환율이 100%라고 가정할 때의 생성량이다.

② Ethanol의 diethyl ether에 대한 선택도 (selectivity) = mol C_2H_5OH/mol $(C_2H_5)_2O$ = 48/6 = 8 mol C_2H_5OH/mol $(C_2H_5)_2O$

5.2 연소반응 (Combustion Reaction)

연소반응: 연료물질과 산소 사이의 급격한 산화반응

- 습기준 농도 (Wet Basis Composition): 연소반응에 의해 생성된 기체 혼합물에서 H_2O 기체를 포함시키고 계산한 농도

- 건기준 농도 (Dry Basis Composition): 연소반응에 의해서 생성된 기체 혼합물에서 H_2O 기체를 제외시키고 계산한 농도

- 굴뚝 기체 (Stack Gas) 또는 연도 기체 (Flue Gas): 연소반응 후 연소로에서 배출된 생성기체

- 이론산소량 (Theoretical Oxygen): 연료물질을 완전연소 시키기 위해서 필요한 산소의 몰수. 이 때 연료의 모든 C는 CO_2로 H는 H_2O로 산화된다.

- 이론공기량 (Theoretical Air): 이론산소량을 함유하고 있는 공기의 몰수

- 과잉공기량 (Excess Air): 이론 공기량을 초과해서 사용되는 과잉공기 몰수

- %과잉공기 (Percent Excess Air)
  $= [(\text{moles air})_{fed} - (\text{moles air})_{theoretical}]/(\text{moles air})_{theoretical} \times 100\%$

(예제) Wet basis 조성을 dry basis조성으로 전환

연소기체 (stack gas)의 조성이 60 mol% N_2, 15 mol% CO_2, 10 mol% O_2, 15 mol% H_2O (v)이다. 이 wet basis 조성을 dry basis조성으로 바꾸시오.

(풀이)

계산기준 (Basis): 100 mol 연소기체

분석표

성분	Wet-basis 농도 (mol%)	mol	Dry-basis 농도 (mol%)
N_2	60	60	100x60/85= 70.6
CO_2	15	15	100x15/85= 17.6
O_2	10	10	100x10/85= 11.8
H_2O	15	15	-
Total	100	100	100

(예제) Dry basis 조성을 wet basis조성으로 전환

연소기체 (stack gas)의 조성을 Orsat 분석한 조성이 65 mol% N_2, 14 mol% CO_2, 11 mol% CO, 10 mol% O_2 이다. 이 dry basis 조성을 wet basis조성으로 바꾸어라. 이 연소기체의 습도측정 결과 H_2O (v)의 몰분율은 0.07이다.

(풀이)

계산기준 (Basis): 100 mol 건조기체 (Dry Gas)

분석표

성분	dry-basis composition (mol%)	mol	Wet-basis composition (mol%)
N_2	65	65	100x65/107.53= 60.5
CO_2	14	14	100x14/107.53= 13.0
CO	11	11	100x11/107.53= 10.2
O_2	10	10	100x10/107.53= 9.3
H_2O	-	n mol	100x7.53/107.53= 7.0
Total	100	100+n	100

- H_2O (v)의 양: $\frac{n\,mol\,H_2O(v)}{(100+n)\,mol\,total\,gas} = \frac{7}{100} \rightarrow n = 100 \times \frac{7}{93} = 7.53$

- H_2O (v)를 포함한 wet gas의 전체몰수 = 107.53 mol

(예제) 이론공기량 (Theoretical)과 과잉공기량 (Excess Air) 계산

Butane (C_4H_{10}) 100 mol을 air 5000 mol을 사용해서 연소시킨다. 이 연소반응에서 이론공기량 (mol)과 % 과잉공기를 계산하시오.

(풀이)
계산기준 (Basis): 100 mol Butane

Butane의 산화반응식: $2C_4H_{10} + 13O_2 \rightarrow 8CO_2 + 10H_2O$

$$\text{Theoretical } O_2 = \frac{100\,mol\,C_4H_{10}}{} \frac{13\,mol\,O_2}{2\,mol\,C_4H_{10}} = 650\,mol\,O_2$$

$$\text{Theoretical Air} = \frac{650\,mol\,O_2}{} \frac{1\,mol\,Air}{0.21\,mol\,O_2} = 3095\,mol\,Air$$

$$\%\ \text{Excess Air} = \frac{5000-3095}{3095} \times 100 = 61.6\%$$

종합문제

(문제) 단일반응

Ethylene과 O_2의 단일 산화반응에 의해서 ethylene oxide가 생성된다. 반응기로는 300 mol ethylene과 100 mol O_2가 유입된다.

① 화학반응식을 작성하시오.
② 과잉반응물의 과잉%를 계산하시오.
③ 50 mol ethylene oxide가 생성될 때 반응진행도 (ξ)를 계산하시오.

(풀이)

① 화학반응식 $2\ C_2H_4 + O_2 \rightarrow 2\ C_2H_4O$

② 과잉반응물 = C_2H_4, 과잉% = (300-200)x100/200 = 50%

③ 반응진행도 (ξ)를 ethylene oxide를 기준으로 계산하면,

$$\xi = (50 - 0)/2 = 25 \text{ mol}$$

※ 반응진행도를 ethylene을 기준으로 계산하더라도, ξ = (250 - 300)/(-2) = 25 mol로 같은 값을 얻는다.

(문제) 복수반응

Ethane (C_2H_6)이 다음 두 반응에 의해서 methane (CH_4)으로부터 생성된다.

$$4CH_4 + O_2 \leftrightarrow 2C_2H_6 + 2H_2O \qquad Ⓐ$$

$$CH_4 + 2O_2 \leftrightarrow CO_2 + 2H_2O \qquad Ⓑ$$

반응기로 유입되는 feed stream의 농도는 50 mol% CH_4 와 50 mol% O_2 이며 feed stream의 총유량은 100 mol/s이다. CH_4는 80% 전환된다. C_2H_6의 CO_2에 대한 선택도 (selectivity)는 4이다.

① 반응 Ⓐ와 Ⓑ의 반응진행도 ξ_1 과 ξ_2 를 구하시오.

② C_2H_6의 최대가능생성속도 (mol/s)와 이 값을 기준으로 하는 C_2H_6의 수율 (yield)을 구하시오.

(풀이)

① 반응진행도식: $n_i = n_{i0} + \sum_{j=1}^{k} \nu_{ij}\xi_j$

$$n_{CH_4} = 50 - 4\xi_1 - \xi_2 = 10 \ \text{(80\% conversion)}$$

$$n_{O_2} = 50 - \xi_1 - 2\xi_2$$

$$n_{CO_2} = \xi_2$$

$$n_{C_2H_6} = 2\xi_1 = 4n_{CO_2} = 4\xi_2 \ (C_2H_6\text{의 } CO_2\text{에 대한 선택도} = 4)$$

$$\rightarrow \xi_1 = 2\xi_2$$

$$n_{H_2O} = 2\xi_1 + 2\xi_2$$

위 식들로부터 $\xi_1 = 8.88$ mol $\xi_2 = 4.44$ mol

② C_2H_6의 최대가능생성속도 (mol/s) = 25 mol/s

(※ 반응 (1)만 100% 완결된다고 가정)

$$C_2H_6\text{의 수율 (yield)} = \frac{2\xi_1}{25\,mol} = \frac{2 \times 8.88}{25} = 71\%$$

(문제) 연소반응

Ammonia (NH_3)와 O_2의 연소반응에 의해서 nitric oxide (NO)가 생성된다.

$$4NH_3 + 5O_2 \dashrightarrow 4NO + 6H_2O$$

100 mol ammonia와 100 mol O_2가 반응기로 유입된다.

① 한정반응물질 (limiting reactant)을 정하고 과잉반응물의 %과잉율을 구하시오.

② 반응이 완결된 후 반응진행도 (ξ)와 생성된 NO의 mol수를 계산하시오.

(풀이)

① 각 반응물질에 대해서 초기 mol수와 화학반응계수의 절대 값의 비를 계산한다.

NH_3: 100/4 = 25, O_2: 100/5 = 20

O_2의 경우 이 값이 더 작으므로 O_2가 한정반응물질이다.

O_2의 100% 반응에 필요한 NH_3의 mol

$$= 100 \text{ mol } O_2 \times 4 \text{ mol } NH_3 \,/\, 5 \text{ mol } O_2 = 80 \text{ mol } NH_3$$

NH_3에 대한 %과잉율 = (100 - 80) x 100 / 80 = 25%

② 반응 완료 후

$nO_2 = 0 = 100 - 5\xi \rightarrow \xi = 20$ mol

$nNO = 0 + 4\xi = 80$ mol

(문제) 연소반응

Butane (C_4H_{10}) 이 50% 과잉 O_2에 의해서 연소된다. Butane의 전환율은 90%이다. 연소된 butane의 90%는 CO_2 생성에 10%는 CO 생성에 사용된다. 연소기체의 조성(mol%)을 습기준 (wet-basis)과 건기준(dry-basis)으로 각 각 구하시오.

반응식C_4H_{10} + 6.5 O_2 → $4CO_2$ + $5H_2O$

C_4H_{10} + 4.5 O_2 → $4CO$ + $5H_2O$

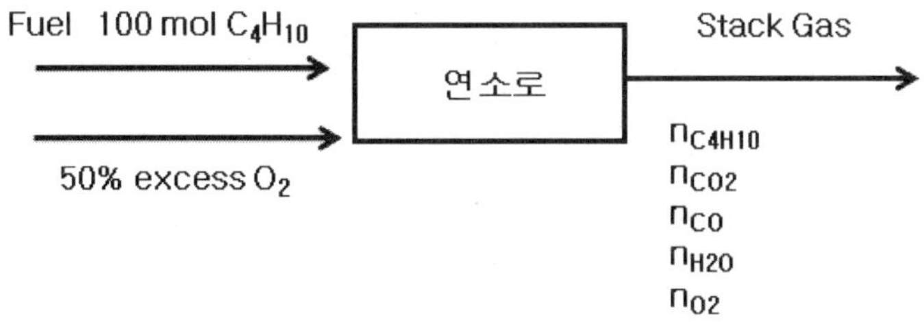

(풀이)

계산기준 (Basis): 100 mol C_4H_{10}

이론산소량: 100 x 6.5 = 650 mol (완전연소반응만 고려한다)

공급된 산소량: 650 x 1.5 = 975 mol (50% excess O_2)

C_4H_{10}의 전환율 = 90%: n_{C4H10} = 100 x 0.1 = 10 mol

반응한 C_4H_{10}의 90%는 CO_2 생성에 사용: n_{CO2} = 90x0.9x4 = 324 mol

반응한 C_4H_{10}의 10%는 CO 생성에 사용: n_{CO} = 90x0.1x4 = 36 mol

화학반응식으로부터 n_{H2O} = 90x5 = 450 mol

화학반응식으로부터 n_{O2} = 975 - 90x(0.9x6.5 + 0.1x4.5) = 408 mol

유출기체의 총 mol = n_{C4H10} + n_{CO2} + n_{CO} + n_{H2O} + n_{O2} = 1228 mol

건조유출기체의 총 mol = n_{C4H10} + n_{CO2} + n_{CO} + n_{O2} = 778 mol

wet basis mol% = $\frac{n_{imol}}{1228\,mol} \times 100$

dry basis mol% = $\frac{n_{imol}}{778\,mol} \times 100$

연소기체의 농도

성분	moles	mol%	
		wet-basis	dry basis
C_4H_{10}	10	0.81	1.29
CO_2	324	26.4	41.6
CO	36	2.93	4.63
H_2O	450	36.6	-
O_2	408	33.2	52.4
total	1228	100	100

(문제) 회분식 기체반응

부피가 일정한 batch reactor안에서 nitric oxide (NO)가 O_2에 의해서 산화되어 nitrogen dioxide (NO_2)가 생성된다. 초기에 같은 mol수의 NO와 O_2가 반응기로 공급되며 반응이 일어나기 전 반응기의 초기 온도는 25℃ 압력은 10 atm 이다.

① 이 반응의 화학반응식을 쓰시오.

② 반응기의 온도가 200℃로 증가한 후 이 온도에서 일정하게 유지되면 반응기 내부의 압력이 15 atm이 된다. 반응진행도 (ξ) 값과 nitric oxide (NO)의 %전환율을 구하시오. 반응기체는 이상기체로 가정한다.

(풀이)

① 반응식

$$2\ NO + O_2 = 2\ NO_2$$

② 계산기준 (Basis): 1 mol NO + 1 mol O_2

초기상태가 25℃ 10 atm이므로 $V = \dfrac{nRT}{P} = \dfrac{2\,mol \times 0.082 \times 298K}{10\,atm} \approx 4.9\,L$

반응 후 200℃, 15 atm이며 부피는 4.9 L로 일정하므로

$$n_{total\,gas} = \frac{PV}{RT} = \frac{15\,atm \times 4.9\,L}{0.082 \times 473\,K} \approx 1.90\,mol$$

$n_i = n_{io} + \nu_i \xi$식으로부터

$$n_{NO} = n_{NOo} + \nu_{NO}\xi = 1 - 2\xi$$
$$n_{O_2} = n_{O_2o} + \nu_{O_2}\xi = 1 - \xi$$
$$n_{NO_2} = n_{NO_2o} + \nu_{NO_2}\xi = 0 + 2\xi$$
$$n_{total\,gas} \approx 1.90\,mol = n_{NO} + n_{O_2} + n_{NO_2} = 2 - \xi$$

따라서 $\xi = 2 - 1.90 = 0.10\,mol$

$n_{NO} = 1 - 2\xi = 1 - 2 \times 0.1 = 0.8\,mol$

Nitric oxide (NO)의 % 전환율 = (1 - 0.8)x100/1 = 20%

(문제) 단일반응

Propylene (C_3H_6)의 수소첨가반응 (hydrogenation)에 의해서 propane (C_3H_8)이 생성된다. 반응이 일어나기 전 초기에 반응기는 100 mole propylene과 160 mole hydrogen을 가지고 있다. 반응생성물은 80 mole propane이다.

수소첨가반응: $C_3H_6 + H_2 = C_3H_8$

① 한정반응물 (limiting reactant)은 어느 것인가?
② 과잉반응물 (excess reactant)의 과잉 % (% excess)를 계산하시오.
③ 과잉반응물 (excess reactant)의 전환율 (fractional conversion)을 계산하시오.
④ 반응진행도 (extent of reaction)를 계산하시오.
⑤ Propane의 원료 (propylene)에 대한 수율 (mol/mol)을 계산하시오.

(풀이)

$$C_3H_6 + H_2 = C_3H_8$$

	C_3H_6	H_2	C_3H_8	
t = 0:	100	160	-	mol
반응 후:	20	80	80	mol

① 한정반응물 (limiting reactant) C_3H_6

② 과잉반응물 (excess reactant) H_2

과잉 % (% excess) = $\dfrac{160-100}{100} \times 100 = 60\%$

③ 과잉반응물 (excess reactant)의 전환율 = 80 x 100 / 160 = 50%

④ 반응진행도 (extent of reaction) $n_i = n_{io} + \nu_i \xi$

$$n_{C3H6} = n_{C3H6\,o} + \nu_{C3H6}\,\xi \rightarrow 20 = 100 - \xi \qquad \xi = 100 - 20 = 80\,mol$$

⑤ Propane의 원료 (propylene)에 대한 수율 (mol/mol)

$$= \frac{80\,mol\ C_3H_8}{100\,mol\ C_3H_6} = 0.8\,(mol/mol)$$

제6장

물질수지

(Material Balance)

6.1 일반 물질수지식

공정 내 물질량의 변화속도 = 유입속도 (Input Rate) + 생성속도 (Production Rate) - 유출속도 (Output Rate) - 소모속도 (Consumption Rate)

● 전체질량 (M)에 대한 물질수지식:

항상 $\dot{M}_{production} = 0$ $\quad \dot{M}_{consumption} = 0$ 이므로

$$dM_{system}/dt = \dot{M}_{input} + \dot{M}_{production} - \dot{M}_{output} - \dot{M}_{consumption}$$

$$= \dot{M}_{input} - \dot{M}_{output}$$

- 각 성분의 질량 (m_i)에 대한 식:

$$dm_{i,\, system}/dt = \dot{m}_{i,\, input} + \dot{m}_{i,\, production} - \dot{m}_{i,\, output} - \dot{m}_{i,\, consumption}$$

1) 정상상태 연속식공정 (Continuous Process)에 대한 물질수지

- 전체질량 (M): $dM_{system}/dt = 0 \rightarrow \dot{M}_{input} = \dot{M}_{output}$

- 각 성분의 질량 (m_i): $dm_{i,\, system}/dt = 0$

$$0 = \dot{m}_{i,\, input} + \dot{m}_{i,\, production} - \dot{m}_{i,\, output} - \dot{m}_{i,\, consumption}$$

증류, 침전, 증발 등 공정과 같이 계에서 반응이 일어나지 않을 경우:

$$\dot{m}_{i,\, production} = 0 \quad \dot{m}_{i,\, consumption} = 0$$

$$\dot{m}_{i,\, input} = \dot{m}_{i,\, output}$$

2) 회분식 공정 (Batch Process)에 대한 물질수지

회분식 공정에서는 운전 중에 물질이 유입되거나 유출되지 않으므로

$$\dot{m}_{i,\, input} = 0 \qquad \dot{m}_{i,\, output} = 0$$

따라서 물질수지식은: $dm_{i,\, system}/dt = \dot{m}_{i,\, production} - \dot{m}_{i,\, consumption}$

반응이 없는 공정의 경우 각 성분의 생성 및 소모는 0이므로 물질수지식은

$$dm_{i,system}/dt = \dot{m}_{i,production} - \dot{m}_{i,consumption} = 0 - 0 = 0$$

3) 반 회분식공정 (Semibatch Process)에 대한 물질수지

반 회분식공정의 경우, 일부 성분은 연속적으로 공정에 유입 유출되며 다른 성분은 유입과 유출이 없다.

공정에 유입·유출되는 성분에 대해서는 다음과 같은 일반식을 적용한다.

$$dm_{i,system}/dt = \dot{m}_{i,input} + \dot{m}_{i,production} - \dot{m}_{i,output} - \dot{m}_{i,consumption}$$

공정에 유입·유출이 없는 성분에 대해서는

$\dot{m}_{i,input} = 0$ 또는 $\dot{m}_{i,output} = 0$

(예제) 연속공정

Water-ethanol (50 mass% ethanol) 혼합물질이 연속식 증류공정에 의해서 ethanol 조성이 70 mass%인 기체와 30 mass%인 액체 두 종류의 product stream이 생성된다. Water-ethanol 혼합물질의 공급 속도가 100 kg/h일 때 각 product stream의 유출속도를 kg/h단위로 구하라.

(풀이)

● 공정도 　70 mass% ethanol 기체의 유출속도 (kg/h) = m_T

30 mass% ethanol 액체의 유출속도 (kg/h) = m_B

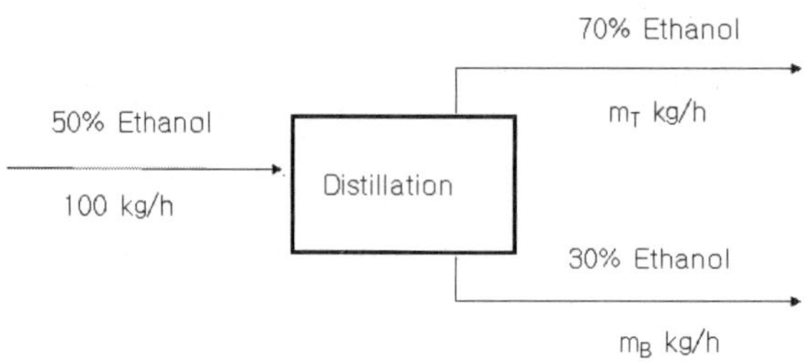

● 이 공정은 계에 반응이 없는 정상상태 연속식 공정이므로 각 성분에 대한 물질수지식은 다음과 같다.

$$\dot{m}_{i,\,input} = \dot{m}_{i,\,output}$$

● 각 성분에 대한 물질수지식:

Component	Input rate ($\dot{m}_{i,input}$) = Output rate ($\dot{m}_{i,output}$)
Ethanol	50 kg/h = 0.7 m_T + 0.3 m_B
H_2O	50 kg/h = 0.3 m_T + 0.7 m_B

- 전체 질량에 대한 물질 수지식: 100 kg/h = m_T + m_B

위 식으로부터 m_T = 50 kg/h

m_B = 50 kg/h

(예제) 증류공정에 대한 물질수지

70 mol% benzene-30 mol% toluene 혼합물이 100 mole/s의 유속으로 증류공정으로 유입된다. 이 증류공정으로부터 기체상과 액체상의 두 유출 stream이 나온다. 증류공정은 90℃ 1 atm에서 운전되며 두 유출 stream은 평형에 있다.

① 액체 유출 stream의 조성 (mol %)과 기체 유출 stream의 조성 (mol %)을 구하시오.
② 기체상과 액체상의 두 유출 stream의 유속 (mole/s)을 계산하시오.

(풀이)

①

- 증류공정의 두 유출 stream은 서로 평형에 있으므로 Gibbs phase rule을 적용하면

$$DF = 2 + c - p = 2 + 2 - 2 = 2$$

두 유출 stream의 세기성질 (온도, 압력, 조성) 중 온도 (90℃)와 압력 (1 atm)이 주어졌으므로 자유도 조건을 만족한다. 따라서 남은 세기성질인 각 stream의 조성을 구할 수 있다.

• Benzene-toluene 이성분계 T_{xy} 도표를 이용해서 두 stream의 조성을 구하기

아래의 1 atm에서의 T_{xy} 도표에서 온도 90℃의 수평선과 Liquid 곡선이 만난점 “L" 이 액체 유출 stream을 Vapor 곡선이 만난점 "V"가 기체 유출 stream을 나타내며 각 점의 조성을 읽으면 된다.

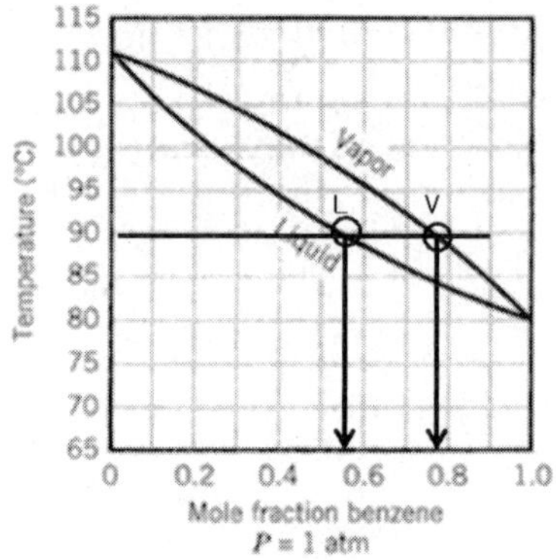

(a) Txy diagram

액체 유출 stream의 조성 (mol %): 57 mol% benzene + 43 mol% toluene

기체 유출 stream의 조성 (mol %): 78 mol% benzene + 22 mol% toluene

• Raoult식으로부터 두 stream의 조성을 구하기

Antoine식

$$\log_{10} P_B^*(90℃) = 6.89272 - \frac{1203.531}{90 + 219.888} = 3.009$$

$$P_B^*(90℃) = 10^{3.009} = 1021\, mmHg$$

$$\log_{10} P_T^*(90℃) = 6.95805 - \frac{1346.773}{90 + 219.693} = 2.609$$

$$P_T^*(90℃) = 10^{2.609} = 406.7\, mmHg$$

Raoult식

$$P_B = y_B P = x_B P_B^*(90)$$

$$P_T = y_T P = x_T P_T^*(90) = (1 - x_B) P_T^*(90)$$

$$P(y_B + y_T) = P = 760 = x_B(1021) + 406.7(1 - x_B)$$

$$x_B \approx 0.575 \quad x_T \approx 0.425$$

$$y_B = x_B P_B^*(90)/P = 0.575 \times 1021/760 = 0.772$$

$$y_T = 1 - x_B = 0.228$$

액체 유출 stream의 조성 (mol %): 57.5 mol% benzene + 42.5 mol% toluene

기체 유출 stream의 조성 (mol %): 77.2 mol% benzene + 22.8 mol% toluene

● 증류공정의 공정도는 다음과 같다.

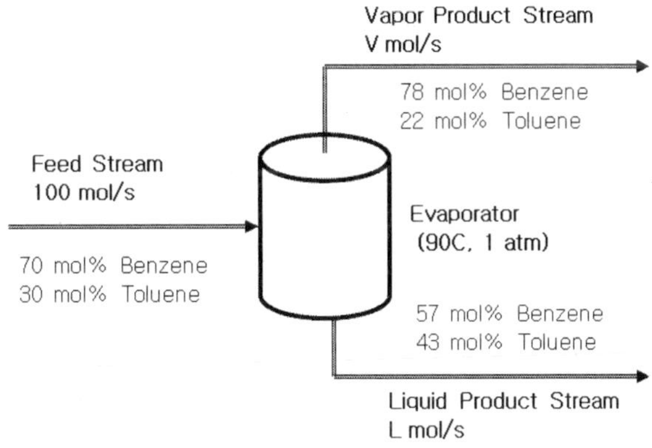

② 기체상과 액체상의 두 유출 stream의 유속 (mole/s)

물질수지식:

Total mass 수지 : 100 mol/s = V + L

Benzene 물질수지: $100 \times 0.7 = 0.78V + 0.57L$

위 두 물질수지식으로부터

$L = 38.1 \text{ mol/s}$ $V = 100 - L = 61.9 \text{ mol/s}$

(예제) 회분식공정

40 mass% ethanol 용액 200 g과 70 mass% ethanol 용액 100 g을 혼합하였을 때 혼합액의 ethanol의 농도를 mass%로 구하여라.

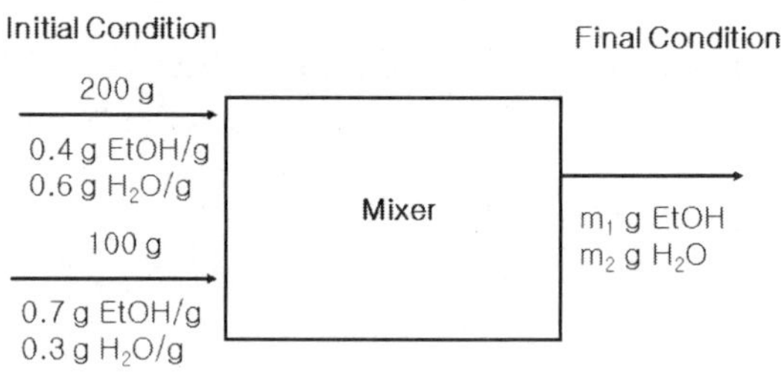

(풀이)

혼합공정의 초기상태와 최종상태에 대해서 전체 질량과 각 성분의 질량에 대한 물질수지식을 세운다.

- 총괄 물질수지식

$$200 + 100 = 300 = m_1 + m_2$$

- Ethanol (EtOH) 수지식

$$200 \times 0.4 + 100 \times 0.7 = m_1$$

- H_2O 수지식

$$200 \times 0.6 + 100 \times 0.3 = m_2$$

위의 세 식 중 2개의 식이 독립식이며 다른 한 식은 계산결과의 검산에 사용할 수 있다. 각 성분에 대한 물질수지식으로부터

$$m_1 = 150 \text{ g}$$

$$m_2 = 150 \text{ g}$$

● 전체질량에 대해서

$$m_1 + m_2 = 150 \text{ g} + 150 \text{ g} = 300 \text{ g}$$

(예제) 추출공정의 물질수지

Acetone (10 mass%), water, 그리고 MIBK 혼합액체가 교반 후 25℃ 1 atm에서 water-rich phase와 MIBK-rich phase 두 액체 층으로 분리되었다. MIBK-rich phase는 15 mass% acetone을 가지고 있다.

① Water-rich phase에서 acetone의 조성 (mass%)을 추정하시오.
(MIBK-H_2O-acetone 삼성분계의 phase diagram을 이용).
② Water-rich phase와 MIBK-rich phase의 질량비를 구하시오.
③ 원료의 H_2O 조성 (mass%)을 구하시오

(풀이)
계산기준 (Basis): 100 kg 원료액체

※ 두 평형 유출물 MIBK-rich phase와 water-rich phase는 삼성분-2상계이므로 자유도는 DF = 2 + 3 - 2 = 3이다. 온도, 압력, acetone의 농도가 주어졌으므로 자유도를 만족시킨다.

① MIBK-H_2O-acetone 삼성분계의 phase diagram상에서 acetone의 mass%가 15%인 MIBK-rich phase의 위치와 평형을 이루는 water-rich phase의 위치를 아래와 같이 tie-line을 이용해서 찾은 후 각 phase에서의 mass% 조성을 읽는다.

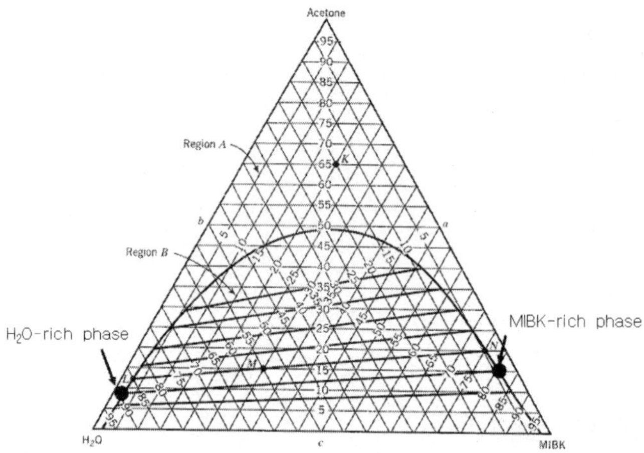

공정도는 다음과 같다.

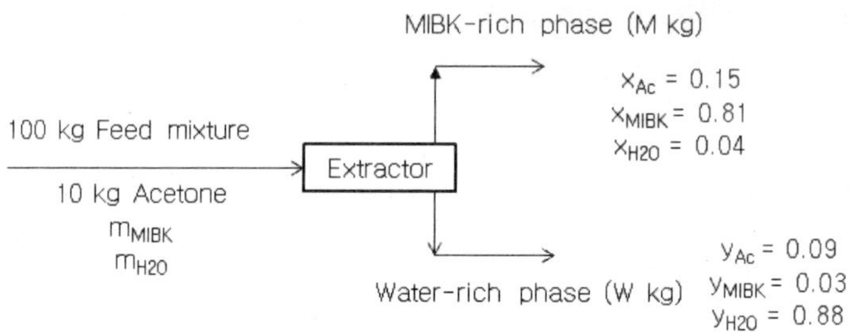

① water-rich phase에서 acetone의 조성 (mass%) = 9 mass%

② 공정에 대한 물질수지식

Total mass: $100 = M + W$

Acetone: $10 = 0.15\ M + 0.09\ W$

위의 2식을 풀이하면; $M = 16.7$, $W = 83.3$

water-rich phase와 MIBK-rich phase의 질량비 = 83.3/16.7 = 5

③ 원료의 H_2O 조성 (mass%)

water 수지식: $mH_2O = 0.04\ M + 0.88\ W = 0.04x16.7 + 0.88x83.3 = 74.0\ kg$
원료의 H_2O 조성 (mass%) = 74%

(예제) 추출공정의 물질수지

30 mass% acetone과 70 mass% water 혼합액 1 kg과 1 kg의 순수한 MIBK가 섞인 후 교반되고 나서 정치되어 MIBK-rich phase와 water-rich phase 두층으로 나뉘어졌다.

① 각 상의 농도 (mass%)를 구하시오.

② MIBK-rich phase의 질량 (kg)을 계산하시오.

(풀이)

전체 혼합물의 조성 (mass%): 15% acetone, 35% H_2O, 50% MIBK

MIBK-H_2O-acetone 삼성분계 phase diagram에서 평형에 있는 MIBK-rich phase와 water-rich phase의 위치를 전체 혼합물의 위치를 지나가는 tie line을 이용해서 찾는다.

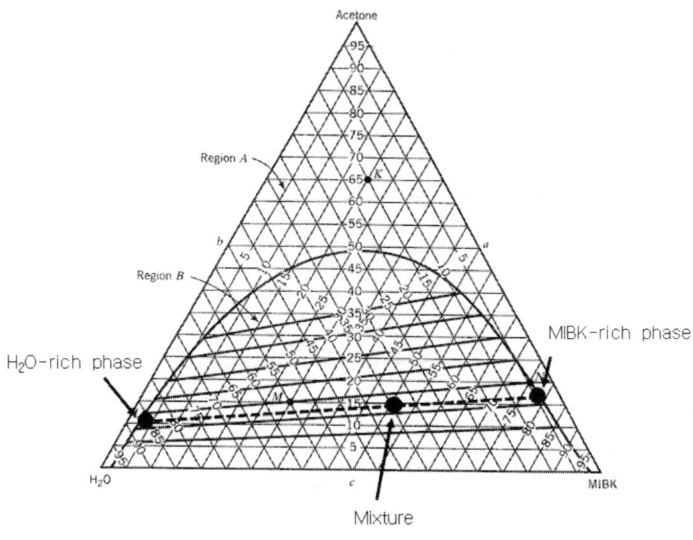

① 각 phase의 조성

MIBK-rich phase (M kg): 77% MIBK 8% H_2O 15% acetone

water-rich phase (W kg) : 3% MIBK 87% H_2O 10% acetone

② MIBK-rich phase (M kg)의 질량 (kg)

MIBK 물질수지: $0.77\ M + 0.03\ W = 1\ kg$

Total mass 물질수지: $M + W = 2\ kg$

$M = 1.27\ kg$

6.2 화학반응에 대한 물질수지

정상상태 연속식 반응공정의 물질수지식: $dm_{i,\,system}/dt = 0$

$$0 = \dot{m}_{i,\,input} + \dot{m}_{i,\,production} - \dot{m}_{i,\,output} - \dot{m}_{i,\,consumption}$$

물질수지식을 작성하는 세 가지 방법

1) 분자종류 (Molecular Species)에 대한 식

반응에 참여하는 모든 분자들에 대한 물질 수지식을 작성.
화학반응식으로부터 각 생성물들의 생성속도 ($\dot{m}_{i,\,production}$) 및 반응물질의 소모속도 ($\dot{m}_{i,\,consumption}$) 사이의 관계를 구해야 한다.

2) Reaction Extent (ξ) 방법

$$n_i = n_{io} + \nu_i \xi$$

분자 i에 대해서, n_{io}= 공정유입속도, n_i = 공정유출속도, ν_i = 화학반응계수, ξ= 반응진행도

복수반응의 경우 ξ_j = 반응 j의 반응진행도
분자 i에 대한 식은 다음과 같다.

$$n_i = n_{io} + \sum_{j=1}^{n} \nu_{ij} \xi_j$$

3) 원자종류 (Atomic Species)에 대한 식

반응에 참여하는 모든 원자들에 대한 물질 수지식을 작성.

모든 원자들의 생성속도 ($\dot{m}_{i, production}$) 및 소모속도 ($\dot{m}_{i, consumption}$) 는 없으므로 $\dot{m}_{i, production} = 0$이고 $\dot{m}_{i, consumption} = 0$ 이다.

따라서 모든 원자에 대해서 $\dot{m}_{i, input} = \dot{m}_{i, output}$

※ 이 방법에서는 화학반응식을 알지 못해도 되며 각 분자들의 화학식만 알고 있으면 된다.

(예제) 분자종류에 대한 물질수지식

다음 ethane의 탈수소반응 (dehydrogenaton)이 일어나는 공정에 대해서 각 분자에 대한 물질수지식을 세우고 각 분자의 유출속도를 구하시오. 유입물질은 100 % ethane이며 유입속도는 100 mol/min이다.

탈수소반응식: $C_2H_6 \rightarrow C_2H_4 + H_2$

(풀이)

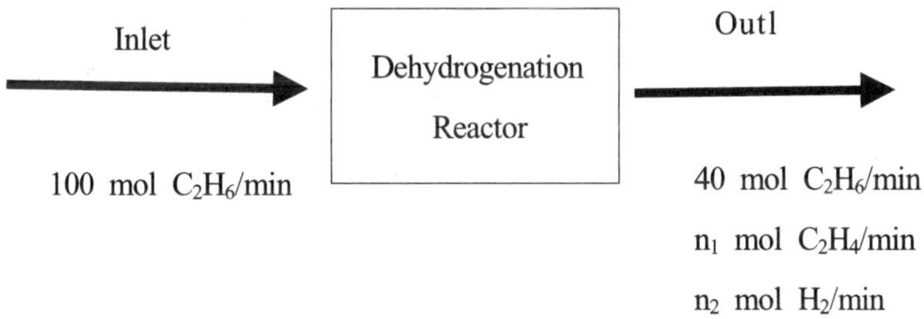

분자의 종류: C_2H_6, C_2H_4, H_2

C_2H_6의 소모속도 = 100 mol/min - 40 mol/min = 60 mol/min

화학반응식에서

C_2H_6의 소모속도 = C_2H_4의 생성속도 = H_2의 생성속도 이므로

C_2H_4의 생성속도 = H_2의 생성속도 = 60 mol/min

물질수지식: 유입속도+생성속도-유출속도-소모속도 = 0

Molecule	Input	+	Production	-	Output	-	Consumption	=	0
C_2H_6	100	+	0	-	40	-	60	=	0
C_2H_4	0	+	60	-	n_1	-	0	=	0
H_2	0	+	60	-	n_2	-	0	=	0

위의 식들에서 n_1 = 60 mol/min, n_2 = 60 mol/min

(예제) 반응진행도 (Reaction extent, ξ)를 이용한 물질수지식

위의 ethane의 탈수소반응 공정에 대해서 반응진행도 (ξ)를 이용해서 각 분자에 대한 물질수지식을 세우고 각 분자의 유출속도를 구하시오.

(풀이)

각 분자들에 대해서 다음 식을 적용한다.

$$n_i = n_{io} + \nu_i \xi$$

- 분자에 대한 물질수지식

Molecule	Stoichiometric coefficient (ν_i)	Output rate (n_i)	=	Input rate (n_{io})	+	Reaction rate ($\nu_i\xi$)
C_2H_6	-1	40	=	100	-	ξ
C_2H_4	1	n_1	=	0	+	ξ
H_2	1	n_2	=	0	+	ξ

위 표의 처음 식으로부터 ξ = 60 mol/min

두 번째와 세 번째 식으로부터, n_1 = 60 mol/min, n_2 = 60 mol/min

(예제) 원자종류에 대한 물질수지식

위의 ethane의 탈수소반응 공정에 대해서 각 원자에 대한 물질수지식을 세우고 각 분자의 유출속도를 구하시오.

(풀이)

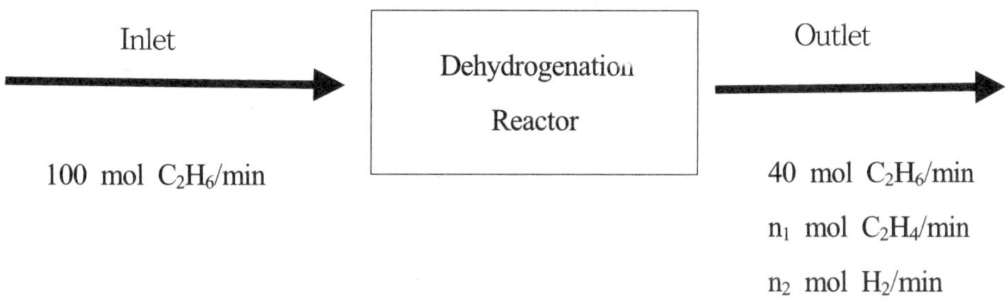

● 원사 수지식

Atom	Input rate	=	Output rate
C	100 x 2	=	$40 \times 2 + 2n_1$
H	100 x 6	=	$40 \times 6 + 4n_1 + 2n_2$

위의 식들에서 n_1 = 60 mol/min, n_2 = 60 mol/min

(예제) 복수 반응 (Multiple Reaction)에 대한 물질수지

Ethane (C_2H_6)을 공기 (Air)로 연소시키는 반응에서 일산화탄소 (CO)를 생성하는 불완전 산화반응과 이산화탄소 (CO_2)를 생성하는 완전산화 반응이 동시에 일어난다. Feed stream의 조성 (mol%)은 5% C_2H_6, 20% O_2, 75% N_2이다. Ethane이 100% 산화할 경우 연소생성물의 조성을 각 성분의 mol%로 나타내시오. 생성물질 중 CO_2와 CO의

mol비는 4이다.

(풀이) 계산기준 (Basis): 100 mol Feed

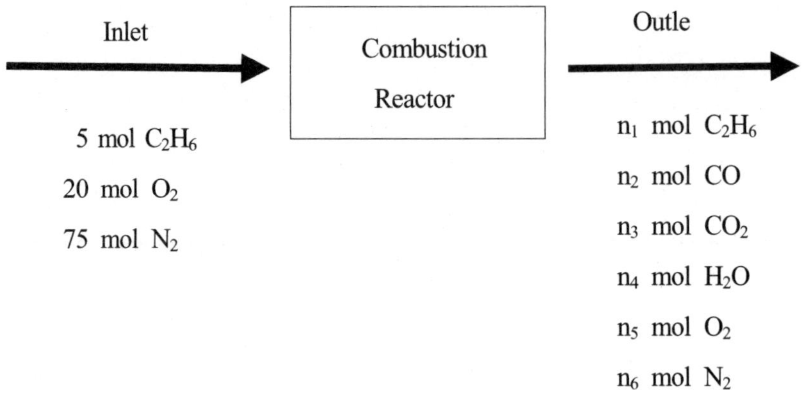

Feed stream의 ethane이 100% 반응하므로 유출 흐름의 ethane의 양 n_1은 0 mol이다. 또한 생성물질 중 이산화탄소와 일산화탄소의 mol 비는 4이므로 $n_3 = 4n_2$이다.

풀이-①: 반응진행도 (ξ_j)를 이용한 풀이방법

이 예제에서 반응의 개수는 다음과 같이 불완전 연소반응과 완전연소반응 두 종류이다. 이 계에 포함된 분자는 6종류 (C_2H_6, O_2, CO, CO_2, H_2O, N_2)이다.

$$C_2H_6 + 5/2\ O_2 \rightarrow 2CO + 3H_2O \qquad (1)$$
$$C_2H_6 + 7/2\ O_2 \rightarrow 2CO_2 + 3H_2O \qquad (2)$$

각 반응마다 반응정도 ξ_1과 ξ_2를 정해야 한다.

● 물질수지식: $n_1 = 0$

Molecule	Output rate (n_i)	=	Input rate (n_{io})	+	Reaction rate $(\sum \nu_i \xi_i)$
C_2H_6	$n_1 = 0$	=	5	-	ξ_1 - ξ_2
CO	n_2	=	0	+	$2\xi_1$
CO_2	n_3	=	0	+	$2\xi_2$
H_2O	n_4	=	0	+	$3\xi_1 + 3\xi_2$
O_2	n_5	=	20	-	$5/2\xi_1 - 7/2\xi_2$
N_2	n_6	=	75	+	0
조건식	$n_3 = 4n_2$				

위의 7개 미지수 (n_2 - n_6, ξ_1, ξ_2)를 포함한 7개의 방정식을 풀이하면,

Molecule	Output rate (n_i)	mol	mol%
C_2H_6	n_1	0	0
CO	n_2	2	1.93
CO_2	n_3	8	7.73
H_2O	n_4	15	14.50
O_2	n_5	3.5	3.38
N_2	n_6	75	72.46
Total	Σn_i	103.5	100
ξ_1=1 mol			
ξ_2=4 mol			

풀이-②: 원자 수지식을 이용한 풀이방법

● 원자 수지식: $n_1 = 0$

Atom	Input rate	=	Output rate
C	5x2	=	$2n_1+n_2+n_3 = n_2+n_3$
H	5x6	=	$6n_1+2n_4 = 2n_4$
O	20x2	=	$n_2+2n_3+n_4+2n_5$
N	75x2	=	$2n_6$
조건식	$n_3 = 4n_2$		

위의 5개 미지수 (n_2 - n_6)로 이루어진 5개 방정식을 풀이한다.

Component	Input rate (n_i)	mol	mol%
C_2H_6	n_1	0	0
CO	n_2	2	1.93
CO_2	n_3	8	7.73
H_2O	n_4	15	14.50
O_2	n_5	3.5	3.38
N_2	n_6	75	72.46
Total	$\sum n_i$	103.5	100

(예제) 재순환 반응기 (Recycle Reactor) 에 대한 물질수지

Ethane (C_2H_6)의 탈수소반응에 의한 ethylene (C_2H_4)의 생성반응이 recycle reactor에서 일어난다. $C_2H_6 \rightarrow C_2H_4 + H_2$

Ethane의 전체전환율 (overall conversion)은 90%이다. 반응 후, 반응기로부터 나오는 ethane의 95%와 ethylene의 5%가 분리기를 거쳐 반응기로 recycle된다. 최종 생성물의 농도와 반응기에서 ethane의 단일통과 전환율 (single pass conversion)을 계산하시오.

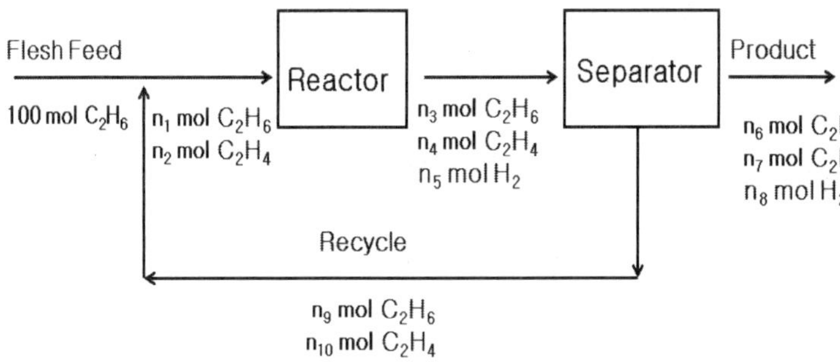

(풀이) 계산기준 (Basis): 100 mol ethane feed

● 주어진 조건으로부터

전체전환율 = 90%: n_6 = 10 mol

Recycle조건: $n_9 = 0.95\ n_3$, $n_{10} = 0.05\ n_4$

① Overall process에 대한 물질수지

Atom	Input rate	=	Output rate
C	100x2	=	$2 \times 10 + 2n_7$
H	100x6	=	$6 \times 10 + 4n_7 + 2n_8$

$n_7 = 90$ mol

$n_8 = 90$ mol

② 분리기에 대한 물질수지

Molecule	Input rate	=	Output rate
C_2H_6	n_3	=	$n_6 + n_9$
C_2H_4	n_4	=	$n_7 + n_{10} = 90 + n_{10}$
H_2	n_5	=	$n_8 = 90$
조건식			$n_9 = 0.95\ n_3$ $n_{10} = 0.05\ n_4$

위의 물질수지식으로부터

$n_3 = 200$ mol, $n_4 = 94.7$ mol, $n_5 = 90$ mol

$n_9 = 190$ mol, $n_{10} = 4.7$ mol

③ 반응기 전의 mixing point에 대한 물질수지

$n_1 = 100 + n_9 = 290$ mol

$n_2 = n_{10} = 4.7$ mol

지금까지 계산결과를 도입한 recycle반응공정은 다음과 같다.

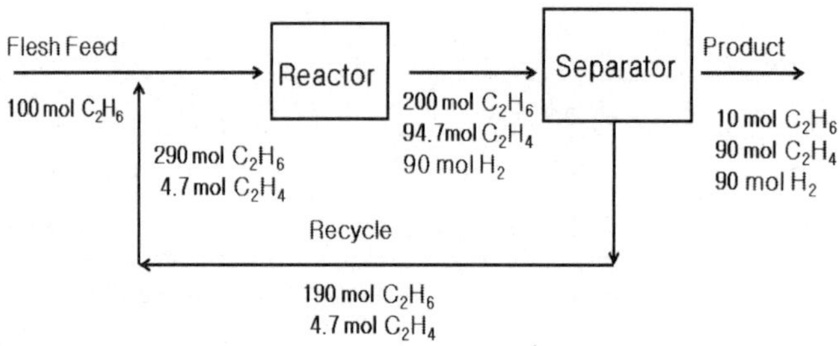

● 최종생성물의 농도

Component	mol	mol%
C_2H_6	10	5.2
C_2H_4	90	47.4
H_2	90	47.4
total	190	100

● Ethane의 단일통과 전환율 $= \dfrac{290-200}{290} \times 100 = 31\%$

※ 반응기의 단일통과 전환율이 31%에 불과하지만 recycle reactor를 사용해서 전체 전환율이 90%로 상승되었다.

종합문제

(문제) 증발기의 물질수지

Methanol-water (50 mol%: 50 mol%) 혼합물이 100 mol/h의 유속으로 증발기로 유입된다. 증발기는 1 atm, 80℃에서 운전된다. 증발기에서 나오는 기체와 액체 유출물은 서로 평형이다.

① 증발기에서 나오는 기체와 액체 유출물의 mol분율 조성을 구하시오.
② 증발기에서 나오는 기체와 액체 유출물의 mol 유속을 (mol/h) 계산하시오.

Methanol과 water의 Antone 증기압 식은 다음과 같다.

$$\log_{10} P^*_{H_2O}\,(mmHg) = 7.96681 - \frac{1668.21}{T(℃) + 228}$$

$$\log_{10} P^*_{methanol}\,(mmHg) = 8.08097 - \frac{1582.271}{T(℃) + 239.726}$$

(풀이) 공정도

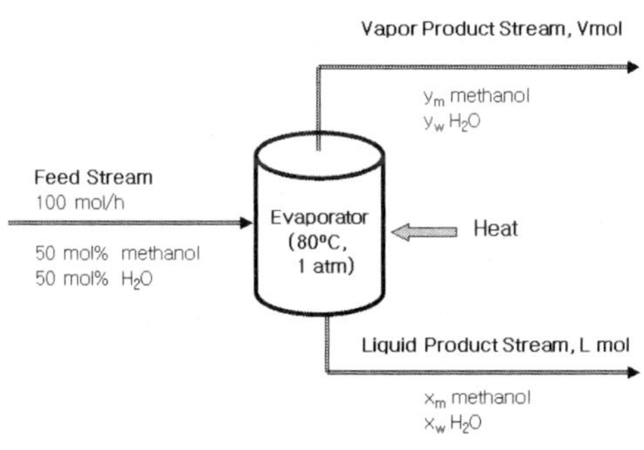

①

● 포화증기압식 (Antone식)

$$\log_{10} P^*_{H_2O} = 7.96681 - \frac{1668.21}{80℃ + 228} = 2.5505$$

$$P^*_{H_2O}(80℃) = 10^{2.5505} = 355.2\,mmHg$$

$$\log_{10} P^*_{methanol} = 8.08097 - \frac{1582.271}{80℃ + 239.726} = 3.1321$$

$$P^*_{methanol}(80℃) = 10^{3.1321} = 1355.5\,mmHg$$

● Raoult 식: $P_{total} = \sum P_i = \sum x_i P_i^*(T) = 760\ mmHg$

$$760 = x_w P^*_{H_2O}(80℃) + (1 - x_w) P^*_{methanol}(80℃)$$

$$760 = x_w \times 355.2 + (1 - x_w) \times 1355.5$$

$$x_w = \frac{1355.5 - 760}{1355.5 - 355.2} \approx 0.6$$

$$x_m = 1 - x_w = 0.4$$

$$y_w P = x_w P^*_{H_2O}(80℃) \rightarrow \quad y_w = \frac{0.6 \times 355.2}{760} = 0.28$$

$$y_m = 1 - y_w = 0.72$$

답: 액체생성물의 몰분율 조성: 0.4 methanol, 0.6 water
기체생성물의 몰분율 조성: 0.72 methanol, 0.28 water

② 증발기에 대한 물질수지식

total mol: 100 mol/h = V + L
methanol 물질수지: 50 mol/h = 0.72V + 0.4L

L = 68.75 mol/h　　　　　　V = 100 - 68.75 = 31.25 mol/h

(문제) 반응기의 물질수지

연속반응기에서 ethylene (C_2H_4)과 hydrogen bromide (HBr)가 반응해서 ethylbromide (C_2H_5Br)가 생성되는 반응이 일어난다. 반응기로부터의 유출 stream의 조성은 60 mole% C_2H_5Br와 10 mole% HBr이다. 반응기로의 유입 stream은 유속이 320 mol/s이고, C_2H_4과 HBr만을 포함하고 있다.

① 한정반응물의 전환율 (%), ② 과잉반응물의 과잉% (% excess), ③ 반응진행도 (reaction extent, ξ)를 구하시오.

(풀이)

● 공정도: 반응식: C_2H_4 + HBr = C_2H_5Br

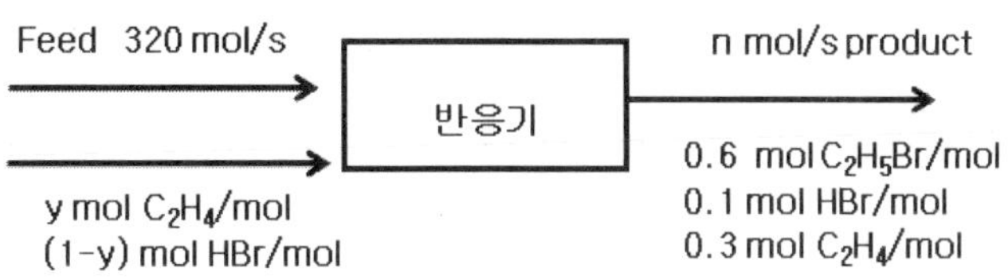

● 원자종류에 대한 물질수지

C - balance　　640y = 0.6x2n + 0.3x2n　→　　640 y = 1.8 n
Br - balance　320(1-y) = 0.6n + 0.1 n　→　　320 y = 320 - 0.7n

위의 두 식으로부터 n = 200 mol/s, y = 0.563 mol C_2H_4/mol

1 - y = 0.437 mol HBr/mol

① C_2H_4와 HBr의 화학반응계수가 1 : 1이므로 한정반응물은 HBr이다.

유출 stream의 HBr의 mol 유량은 0.1 x 200 mol/s = 20 mol HBr/s.

$$\text{HBr의 전환율} = \frac{320\times 0.437\,mol/s - 20\,mol/s}{320\times 0.437\,mol/s}\times 100 = 85.7\%$$

② 과잉반응물은 C_2H_4이다. C_2H_4의 과잉% $= \dfrac{0.563 - 0.437}{0.437}\times 100 = 28.9\%$

③ 반응진행도: 생성물인 C_2H_5Br을 기준으로 계산하면,

$$\xi = \frac{n_{C_2H_5Br,\,out} - n_{C_2H_5Br,\,inlet}}{\nu_{C_2H_5Br}} = \frac{120\times 0.6 - 0}{1} = 120\,mol(\xi)$$

(문제) 재순환반응기의 물질수지

Formaldehyde가 100% methanol (feed stream)로부터 재순환반응기에서 생성된다 ($CH_3OH \rightarrow HCHO + H_2$). 단일통과전환율은 80% 이다. 반응기에서 나오는 유출흐름에서 미반응한 methanol은 모두 formaldehyde와 H_2로부터 분리되어서 반응기로 재 유입된다. Formaldehyde의 생성속도가 90 kg/s가 되기 위해서 필요한 ① methanol (feed stream)과 ② 재순환흐름 (recycle stream)의 질량유속 (kg/s)을 계산하시오.

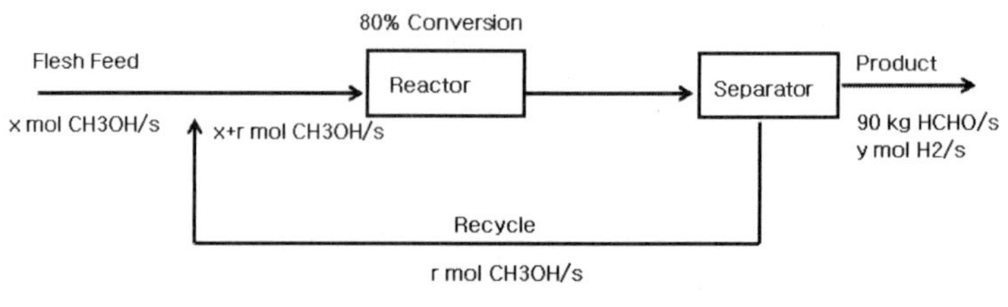

(풀이)

Product: $90\,kg\,HCHO\,\frac{1000\,g}{1\,kg}\,\frac{1\,mol\,HCHO}{30\,g\,HCHO} = 3000\,mol\,HCHO$

C 물질수지식: x = 3000 mol CH_3OH/s

H 물질수지식: 4x = 2x3,000 + 2y → y = 3000 mol/s

Separator에 대한 HCHO 물질수지: 0.8 (x + r)= 3000 mol/s → r = 750 mol/s

① Feed stream: $\frac{3000\,mol}{s}\,\frac{32\,g}{mol}\,\frac{kg}{1000\,g}$ = 96 kg CH_3OH/s

② Recycle stream: $\frac{750\,mol}{s}\,\frac{32\,g}{mol}\,\frac{kg}{1000\,g}$ = 24 kg CH_3OH/s

(문제) 연소반응기의 물질수지

탄화수소 연료 (hydrocarbon-fuel)가 air로 연소된다. 이 연소로의 stack gas의 건기준 (dry basis) mol% 조성은 7.60% CO_2, 1.90% CO, 4.75% O_2, 85.75% N_2 이다.

① hydrocarbon fuel의 원자조성을 구하고 어떤 종류의 연료인지 추정하시오.
② Air의 과잉%를 구하시오.

(풀이)

- 계산기준 (Basis): 100 mol dry stack gas

- 공정도

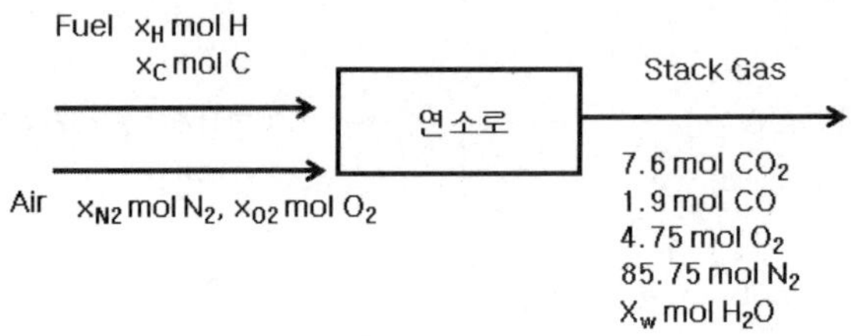

● 원자 종류에 대한 물질수지식

N-balance: x_{N2} = 85.75 mol → x_{O2} = x_{N2}x21/79 = 22.79 mol

C-balance: x_C = 7.6 + 1.9 = 9.5 mol

O-balance: 2x22.79 = 2x7.6 + 1.9 + 2x4.75 + x_w → x_w = 18.98 mol

H-balance: x_H = $2x_w$ = 37.96 mol

① hydrocarbon fuel의 원자조성 (formula): $C_{9.5}H_{37.96}$ = $(CH_4)n$

이 연료는 methane이다.

② 이 연료의 완전 연소 식: $C_{9.5}H_{37.96}$ + 18.99 O_2 → 9.5 CO_2 + 18.98 H_2O

$$\text{Air의 과잉\%} = \frac{22.79\,(=x_{O_2}) - 18.99}{18.99} \times 100 = 20\%$$

(문제) 복수반응

Ethane (C_2H_6)이 아래의 세 반응에 의해서 ethylene (C_2H_4)으로 탈수소화 (Dehydrogenation) 된다.

$C_2H_6 \rightarrow C_2H_4 + H_2$ (1)

$C_2H_6 + H_2 \rightarrow 2CH_4$ (2)

$C_2H_6 + C_2H_4 \rightarrow C_3H_6 + CH_4$ (3)

Ethane의 유입속도는 100 mol/h이고 전환율은 60%이다.

C_2H_4의 수율은 최대 생성가능량 (n_i^{max})의 40%이고, C_2H_4의 (H_2 + C_3H_6)에 대한 선택도는 0.8이다.

① 생성기체의 조성 (mol%)을 구하시오.

② 위의 세 반응의 반응진행도를 구하시오.

(풀이)

$C_2H_6 \rightarrow C_2H_4 + H_2$ (1) ξ_1

$C_2H_6 + H_2 \rightarrow 2CH_4$ (2) ξ_2

$C_2H_6 + C_2H_4 \rightarrow C_3H_6 + CH_4$ (3) ξ_3

① 생성기체의 조성 (mol%)

생성물의 5개 유량: $n_{C_2H_6}$ $n_{C_2H_4}$ n_{H_2} n_{CH_4} $n_{C_3H_6}$

Ethane의 공급유량은 100 mol/h이고 전환율은 60% → $n_{C_2H_6} = 40 mol/h$

반응 (1)에 의해서 C_2H_4의 최대 생성가능량 (n_i^{max}) = 100 mol/h

C_2H_4의 생성량 ($n_{C_2H_4}$) = 100 mol/h x 0.4 = 40 mol/h

C_2H_4의 (H_2 + C_3H_6)에 대한 선택도는 0.8

$n_{C_2H_4}$= 40 = 0.8(n_{H_2} + $n_{C_3H_6}$) → (n_{H_2} + $n_{C_3H_6}$) = 40/0.8 = 50- (1)

C-balance: 2x100 = $2n_{C_2H_6} + 2n_{C_2H_4} + n_{CH_4} + 3n_{C_3H_6}$

= 2x40 + 2x40 + $n_{CH_4} + 3n_{C_3H_6}$ - (2)

H-balance: 6x100 = $6n_{C_2H_6} + 4n_{C_2H_4} + 4n_{CH_4} + 6n_{C_3H_6} + 2n_{H_2}$

= 6x40 + 4x40 + $4n_{CH_4} + 6n_{C_3H_6} + 2n_{H_2}$ -(3)

이들 3식을 풀이하면, n_{H_2} = 42.5 mol/s, n_{CH_4} = 17.5 mol/s, $n_{C_3H_6}$= 7.5 mol/s

● 생성기체의 조성

Component	mol/h	mol%
C_2H_6	40	27.1
C_2H_4	40	27.1
H_2	42.5	28.8
CH_4	17.5	11.9
C_3H_6	7.5	5.1
Total	147.5	100

② 반응진행도

반응진행도식: $n_i = n_{i0} + \sum_{j=1}^{k} \nu_{ij}\xi_j$

$$n_{C_2H_4} = \xi_1 - \xi_3 = 40$$

$$n_{C_2H_6} = 100 - \xi_1 - \xi_2 - \xi_3 = 40$$

$$n_{H_2} = \xi_1 - \xi_2 = 42.5$$

$$n_{CH_4} = 2\xi_2 + \xi_3 = 17.5$$

$$n_{C_3H_6} = \xi_3 = 7.5$$

위의 식들을 풀면 $\xi_1 = 47.5$ $\xi_2 = 5$ $\xi_3 = 7.5$

(문제) 재순환반응기의 물질수지

화학반응계수 비율과 같은 비율의 N_2 와 H_2 를 포함하고 있는 원료 (fresh feed stream)가 재순환 흐름과 합류되어서 반응기로 유입된다. 반응기에서 N_2와 H_2로부터 ammonia (NH_3)가 합성된다. 반응기의 N_2 단일통과 전환율 (single-pass conversion)은 60%이다. 반응기로부터의 유출 stream은 응축기 (condenser)로 유입되어 모든 NH_3가 액화된 후 액화된 NH_3는 최종 product로 생산된다. 응축기로부터의 N_2 와 H_2 기체 유출 stream은 90% 재순환되고 10%는 배출 (purge)된다.

① N_2의 전체전환율 (% overall conversion)을 구하시오.

② Purge stream의 조성 (mole % N_2 와 mole % H_2)을 계산하시오.

(풀이)

● 계산기준 (Basis): 1 mol N_2 in the fresh feed stream

공정도:

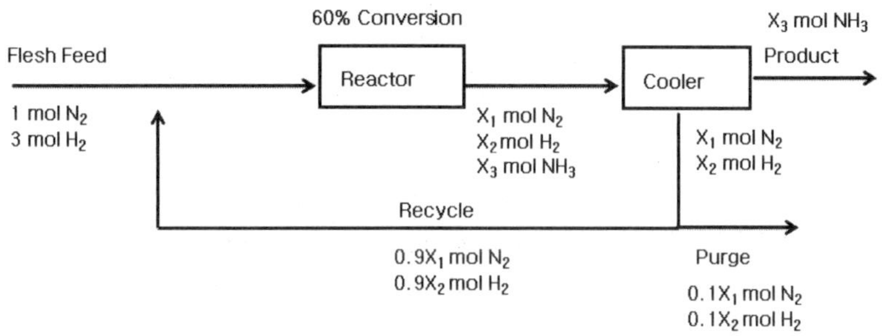

● 반응기에 대한 물질수지:

N_2: $(1 + 0.9\ x_1)\ 0.4 = x_1 \rightarrow x_1 = 0.625$

H_2: $(3 + 0.9\ x_2)\ 0.4 = x_2 \rightarrow x_2 = 1.875$

① N_2의 전체전환율 = (1 - 0.1 x1)x100/1 = (1-0.0625)x100/1 = 93.7%

② Purge stream의 조성:

$$\text{mole\% } N_2 = \frac{x_1}{x_1 + x_2} = 0.625/(0.625+1.875) = 25, \qquad \text{mole\% } H_2 = 75$$

(문제) 연소반응의 물질수지

연료 (CH_n)가 공기 (air)에 의해서 연소되는 연소반응기로부터 배출되는 stack gas의 건기준 (dry-basis) mol% 조성은 10.8 % CO_2, 85.4% N_2, 3.8% O_2이다. 연소반응기로 과

잉의 공기가 유입되어 연료를 완전하게 연소시킨다. 연료에는 산소성분이 없다.

① 공기의 과잉%를 계산하시오.

② 연료의 조성 (CH_n)을 나타내는 n값을 구하시오.

③ Stack gas의 습기준 (wet-basis) 조성을 mole%로 계산하시오.

(풀이)

● 계산기준 (Basis): 100 mol dry stack gas

● 공정도

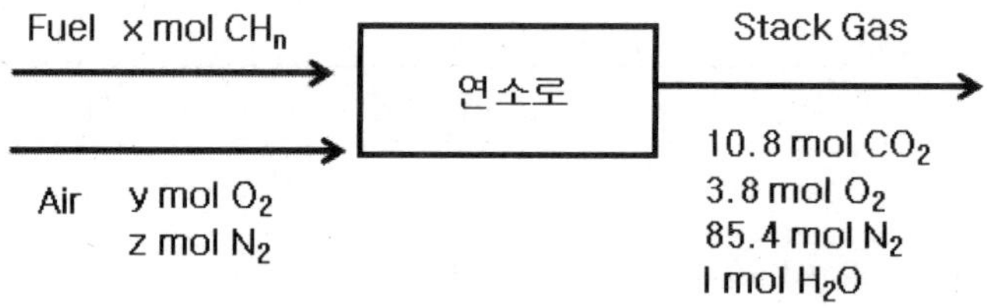

① 물질수지

N_2 물질수지 → z = 85.4 mol

y O_2 = 85.4 x 21/79 = 22.7 mol

이론 산소량: 22.7 - 3.8 = 18.9 mol

과잉산소량 % = 3.8x100/18.9 = 20%

② 원자종류에 대한 물질수지:

C-balance: x = 10.8

O-balance: $2y = 2(10.8 + 3.8) + l \rightarrow l = 16.2$

H-balance: $10.8\ n = 2\ l = 32.4 \rightarrow n = 3$

③ Stack gas의 습기준 (wet-basis) 조성

	mol	mol%
CO_2	10.8	9.3
N_2	85.4	73.5
O_2	3.8	3.3
H_2O	16.2	13.9
total	116.2	100

(문제) 연소반응 물질수지

Ethane (C_2H_6)이 20% 과잉 air (excess air)로 연소되어 CO_2, CO, H_2O를 생성한다. 생성된 기체에서 CO_2와 CO의 mol비는 5이고, ethane의 전환율은 80%이다. 생성된 연소기체의 습기준 (wet-basis) mole %조성을 구하시오.

(풀이)

공정도

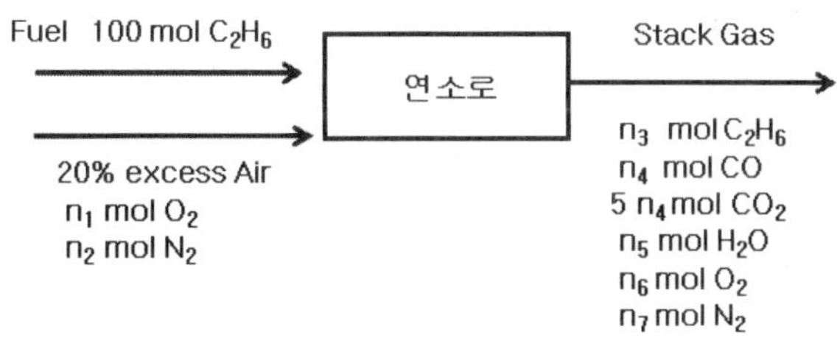

Ethane의 전환율은 80% → n_3 = 20 mol

Ethane의 완전연소반응: $2C_2H_6 + 7O_2 = 4CO_2 + 6H_2O$

이론산소량: 100 mol C_2H_6 x 7 mol O_2 / 2 mol C_2H_6 = 350 mol O_2

20% 과잉 air (excess air) → n_1 = 1.2 x 350 mol O_2 = 420 mol O_2

N_2 in feed stream: $n_2 = n_1$ x 79/21 = 1580 mol N_2

● 원자 종에 대한 수지식 (※ 화학반응식을 정학하게 알지 못하므로 원자 종에 대한 수지식을 이용한다)

$$N - balance: n_2 = n_7 = 1580 \ mol \ N_2$$

$$H - balance: 6 \times 100 = 6n_3 + 2n_5 = 120 + 2n_5 \ \rightarrow n_5 = 240 \ mol$$

$$C - balance: 2 \times 100 = 2n_3 + 6n_4 = 40 + 6n_4 \ \rightarrow n_4 = 26.7 \ mol$$

$$O - balance: 2 \times 420 = n_4 + 10n_4 + n_5 + 2n_6 \ \rightarrow n_6 = 153.15 \ mol$$

● 연소기체의 조성표

Component	mol	mol%
C_2H_6	20	0.93
CO	26.7	1.24
CO_2	133.5 (= 5 x 26.7)	6.20
H_2O	240	11.15
O_2	153.15	7.11
N_2	1580	73.4
total	2153.35	100

(문제) 재순환반응기의 물질수지

재순환반응기를 이용해서 CO와 H_2 로부터 methanol이 생성된다. Fresh feed stream은 CO와 H_2를 가지고 있으며 재순환 stream과 혼합되어서 반응기로 유입된다. 반응기의 유출물은 cooler로 유입된다. Cooler로부터 나오는 기체 stream은 반응기로 재순환된다. Recycle ratio는 1이고 재순환 stream의 몰분율조성은 $y_{CO} = 0.3$, $y_{H2} = 0.6$, $y_{CH3OH} = 0.1$ 이다. Cooler로부터 생산되는 액체 methanol의 유량은 100 mol/h이다.

① 반응기의 반응진행도 (mol/h)를 계산하시오.

② CO의 단일통과 전환율 (single pass % conversion)을 구하시오.

반응식: $CO + 2H_2 \rightarrow CH_3OH$

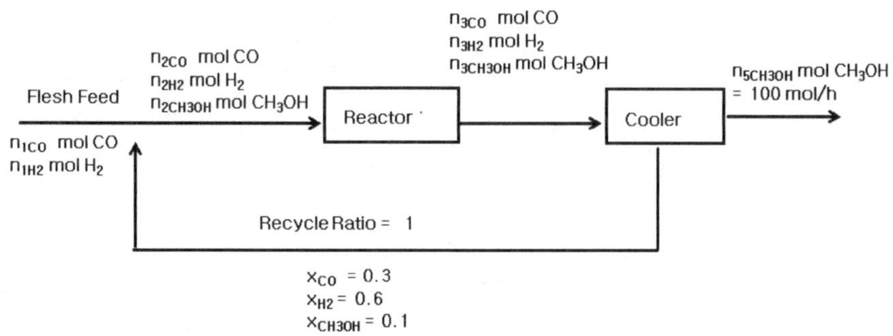

(풀이)

● 전체 공정에 대한 물질수지

C - balance: $n_{1CO} = n_{5CH3OH} = 100$ mol/h

H - Balance: $2\ n_{1H2} = 4\ n_{5CH3OH} = 400$ mol/h

$n_{1H2} = 200$ mol/h

Recycle stream: 300 mol/h (= $n_1CO + n_1H_2$)

● Mixing point (Fresh feed + Recycle stream)에 대한 물질수지

CO balance: $n_{2CO} = 100 + 90 = 190$ mol/h

H_2 balance: $n_{2H2} = 200 + 180 = 380$ mol/h

CH_3OH balance: $n_{2CH3OH} = 0 + 30 = 30$ mol/h

● Cooler 에 대한 물질수지

CO balance: $n_{3CO} = 0 + 90 = 90$ mol/h

H_2 balance: $n_{3H2} = 0 + 180 = 180$ mol/h

CH_3OH balance: $n_{3CH3OH} = 100 + 30 = 130$ mol/h

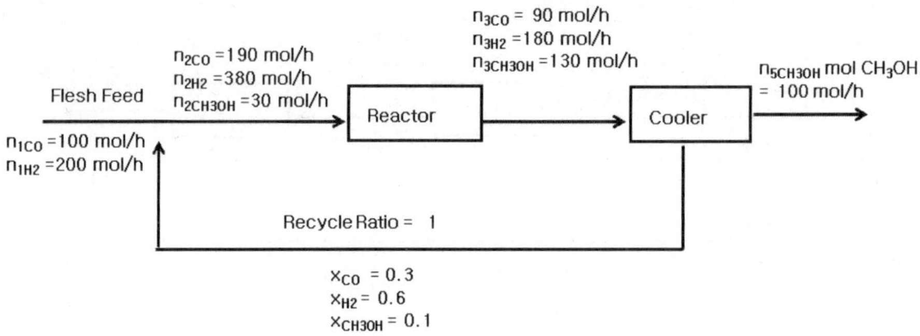

① 반응진행도 $\dot{\xi} = \dfrac{100}{1} = 100\,mol/h$ (생성된 methanol 기준)

② CO의 단일통과전환율 $= \dfrac{190-90}{190} \times 100 = 52.6\%$

(문제) 연소반응기의 물질수지

Ethane (C_2H_6)과 butane (C_4H_{10})의 혼합기체가 산소에 의해서 연소된다. 혼합기체가 완전히 연소된 후 연소기체의 조성이 40 mole% H_2O, 30 mole% CO_2, 30 mole% O_2 일 때, 혼합기체의 ethane과 butane의 mol비를 구하시오.

(풀이)

- 계산기준: 100 mol 연소기체

- 공정도

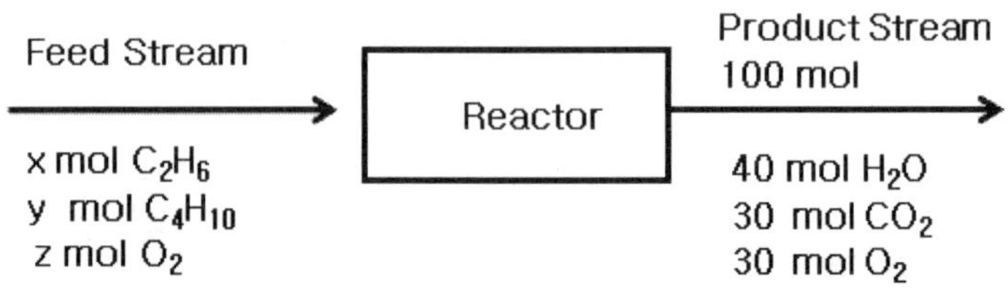

● 원자종류에 대한 물질수지식:

C - balance $2x + 4y = 30$ - (1)

H - balance $6x + 10y = 2x40$ - (2)

O - balance $2z = 40 + 2x30 + 2x30 = 160 \rightarrow z = 80$ mol

식 (1)과 (2)를 연립해서 풀면 $x = 5$ mol, $y = 5$ mol

ethane과 butane의 mol비는 1:1

제7장

에너지수지

(Energy Balance)

7.1 에너지의 종류

1) 저장에너지와 전달에너지

(1) 저장에너지 (Storage Energy)

- 운동에너지 (E_k) $E_k = \frac{1}{2}mu^2$ u = 계의 속도

- 위치에너지 (E_p) $E_p = mgh$ h = 기준점으로부터 계의 높이
  m = 계의 질량, g = 중력가속도

- 내부에너지 (Internal Energy, U)

내부에너지는 계의 속도나 위치에 관련 없이 공유결합에너지, 분자 사이의 비공유결합에너지, 분자운동에너지, 분자위치에너지, 전자기 에너지 등 계를 이루고 있는 입

자들이 가지고 있는 모든 종류의 에너지의 합.

내부에너지는 물질의 온도에 따라서 변화하며 압력변화에 대해서는 매우 조금 변화한다.

※ 유도에너지 (Derived Energy)

엔탈피 (Enthalpy)	H = U + PV
Gibbs 자유에너지 (Free Energy)	G = H - TS
S = Entropy	

(2) 전달에너지 (Transfer Energy)

전달에너지에는 경계면을 통해서 계와 외부 사이에 전달되는 에너지

- 열에너지 (Heat, Q): 온도차 (ΔT)에 의해서 전달되는 에너지

$$\dot{Q}\,(J/s) = hA\,\Delta T$$

A = 경계면의 면적 (m^2),
ΔT = 계와 외부의 온도차이
h = 열전달계수.

- 일 (Work, W): 계와 외부사이의 온도 차이에 의한 열에너지 전달 이외의 방법으로 전달되는 에너지.

- 전달에너지의 부호
  전달 에너지가 양 (+)의 값을 갖는 공정: 가열 (Heating), 압축, 교반
  전달 에너지가 음 (-)의 값을 갖는 공정: 냉각 (Cooling), 팽창, 터빈

2) 일의 종류

● 일의 정의 : $W = \int_{state\,1}^{state\,2} \bar{F} \cdot d\bar{l}$　　$\bar{F}$ = 힘의 벡터, $d\bar{l}$=거리벡터

● PV Work (W_{pv}): 부피변화 일

$$W_{pv} = -F_{ext}\Delta l = -P_{ext}A\Delta l = -P_{ext}\Delta V$$

● 흐름일 (Flow work, W_{fl})

계로 물질이 흘러 들어가거나 흘러나올 때 수반되는 일

$$W_{in}\ (J/s) = P_{in}\ (N/m_2)\ V_{in}\ (m^3/s)$$
$$W_{out}\ (J/s) = P_{out}\ (N/m_2)\ V_{out}\ (m^3/s)$$
$$W_{fl}\ (J/s) = P_{in}\ V_{in}\ - P_{out}\ V_{out}$$

● 축일 (Shaft work, W_s): 교반기에 의해서 계에 전달되는 에너지
축일에 관련된 장치: 펌프, compressor, 터빈, 교반기 등.

● 기타 형태의 일: 전기에너지, 자기에너지등 기타 형태의 일에너지

※ 에너지 보존식에서 PV Work (W_{pv})과 흐름일 (W_{fl})을 제외한 모든 형태의 일에너지는 축일 (W_s)에 포함시킨다.

3) 에너지 전달속도 (Watt = Joule/sec)

(1) 운동에너지의 전달속도($\dot{E}_k$):　　$\dot{E}_k\,(J/s) = \frac{1}{2}\dot{m}u^2$

$\dot{m}$ (kg/s) = 질량유속　u (m/s) = 선속도

(2) 위치에너지의 전달속도 ($\dot{E}_p$): $\dot{E}_p\,(J/s) = \dot{m}gh$

기준점으로부터의 높이 h (m), 중력가속도 g (= 9.8 m/s^2)

(예제) 에너지흐름속도 계산

액체 H_2O가 pipe를 통해서 20 kg/s의 질량유속으로 20 m 위의 지점으로 보내진다. Pipe 윗부분 출구의 직경은 10 cm이고 아랫부분 입구의 직경은 20 cm이다. 단 입구와 출구의 압력은 서로 같다고 가정한다.

① 입구와 출구에서의 운동에너지와 위치에너지의 흐름 량을 구하여라.
② 이 시스템에서 사용하여야 할 펌프의 이론적인 용량을 계산하라.

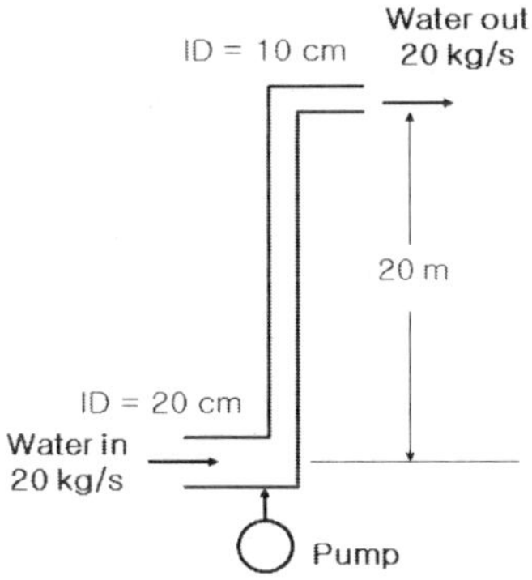

(풀이)

① 운동에너지와 위치에너지의 흐름속도를 구하기 위해서 선속도를 계산한다.

질량속도: $\dot{m}\,(kg/s) = 20\,kg/s$

입구에서의 선속도: $u_1 = \dfrac{20\,kg}{s}\dfrac{10^{-3}\,m^3}{kg}\dfrac{1}{\pi(10\,cm)^2}(\dfrac{100\,cm}{1\,m})^2 = 0.637\,m/s$

출구에서의 선속도: $u_2 = \dfrac{20\,kg}{s}\dfrac{10^{-3}\,m^3}{kg}\dfrac{1}{\pi(5\,cm)^2}(\dfrac{100\,cm}{1\,m})^2 = 2.55\,m/s$

입구에서의 운동에너지 흐름양:

$$\dot{E}_{k1}\,(J/s) = \frac{1}{2}\dot{m}u_1^2 = \frac{1}{2}\frac{20\,kg}{s}\left(\frac{0.637\,m}{s}\right)^2\frac{1\,J}{1\,kg\,m^2/s^2} = 4.06\,J/s$$

출구에서의 운동에너지 흐름양:

$$\dot{E}_{k2}\,(J/s) = \frac{1}{2}\dot{m}u_2^2 = \frac{1}{2}\frac{20\,kg}{s}\left(\frac{2.55\,m}{s}\right)^2\frac{1\,J}{1\,kg\,m^2/s^2} = 65.0\,J/s$$

입구에서의 위치에너지 흐름양: $\Delta h = 0 \rightarrow \dot{E}_{p1}\,(J/s) = \dot{m}g\Delta h = 0$

출구에서의 위치에너지 흐름양:

$$\dot{E}_{p2}\,(J/s) = \dot{m}g\Delta h = \frac{20\,kg}{s}\frac{9.8\,m}{s^2}\frac{20\,m}{}\frac{1\,J}{1\,kg\,m^2/s^2} = 3{,}920\,J/s$$

에너지 흐름양 계산결과:

Flow Rate of Energy	Inlet	Outlet
Kinetic Energy	4.06 J/s	65.0 J/s
Potential Energy	0 J/s	3,920 J/s
Total Energy	4.06 J/s	3,985 J/s

② 출구에서의 에너지 흐름양이 입구에서의 에너지 흐름양보다 약 3,981 J/s 크다. 따라서 이 계에서 사용할 펌프의 이론적인 용량은 약 3,981 J/s (Watt)이다.

7.2 에너지 수지식

1) 에너지 수지 일반식

계의 총 저장에너지 (E_{total}) = 운동에너지 + 위치에너지 + 내부에너지

= $E_k + E_p + U$

계의 총 저장에너지 (E_{total})의 변화속도: $\frac{dE_{total}}{dt} = \frac{d(E_k + E_p + U)}{dt}$

대부분의 화학공정은 움직이거나 높이가 변하지 않는 정지되어 있는 시스템이므로 운동에너지와 위치에너지의 시간에 대한 변화율은 영 (0)이다. 즉

$$\frac{dE_k}{dt} = 0 = \frac{dE_p}{dt}$$

따라서,

$$\frac{dE_{total}}{dt} = \frac{d(E_k + E_p + U)}{dt} = \frac{dE_k}{dt} + \frac{dE_p}{dt} + \frac{dU}{dt} \approx \frac{dU}{dt}$$

- 입력흐름 및 출력흐름에 의해서 시스템으로 전달되는 에너지:

$$\sum_{inlet\,streams} (\dot{E}_k + \dot{E}_p + \dot{U}) - \sum_{outlet\,streams} (\dot{E}_k + \dot{E}_p + \dot{U})$$

- 시스템 경계면을 통한 전달에너지: $\dot{Q} + \dot{W}$

- 에너지 수지 일반식

$$\frac{dU_{system}}{dt} = \sum_{inlet\,streams} (\dot{E}_k + \dot{E}_p + \dot{U}) - \sum_{outlet\,streams} (\dot{E}_k + \dot{E}_p + \dot{U}) + \dot{Q} + \dot{W}$$

2) 닫힌계에 대한 에너지 수지식

$$\sum_{inlet\,streams} (\dot{E}_k + \dot{E}_p + \dot{U}) = 0 \qquad \sum_{outlet\,streams} (\dot{E}_k + \dot{E}_p + \dot{U}) = 0$$

$$\frac{dU_{system}}{dt} = \dot{Q} + \dot{W}$$

적분형태 에너지 수지식: $\Delta U_{system} = U_{final} - U_{initial} = Q + W$

닫힌계의 특수공정에 대한 에너지 수지식

Process	Characteristic	Energy Balance Equation
Isothermal	T = constant	$\Delta U_{system} = 0 = Q + W$
Adiabatic	System is insulated or T_{system} = $T_{surroundings}$	$Q = 0,\ \Delta U_{system} = W$
Isometric	Volume = constant	W = 0, $\Delta U_{system} = Q$

3) 정상상태 (Steady State)열린계에 대한 에너지 수지식

$$\frac{dU_{system}}{dt} = 0\ , \quad \sum_{outlet\,streams} (\dot{E}_k + \dot{E}_p + \dot{U}) - \sum_{inlet\,streams} (\dot{E}_k + \dot{E}_p + \dot{U}) = \dot{Q} + \dot{W}$$

일전달 에너지 (W) = 흐름일 (W_{fl}) + 부피변화 일 (W_{pv}) + 기타 일 (W_s)

부피변화 일 (W_{pv}) = 0

흐름일 (W_{fl}) = $\sum_{inlet} P\dot{V} - \sum_{outlet} P\dot{V}$

일전달 에너지: $\dot{W} = \dot{W}_s + \dot{W}_{fl} = \dot{W}_s + \sum_{inlet} P\dot{V} - \sum_{outlet} P\dot{V}$

일에너지 식을 에너지 수지식에 대입하면

$$\sum_{outlets} (\dot{E}_k + \dot{E}_p + \dot{U}) - \sum_{inlets} (\dot{E}_k + \dot{E}_p + \dot{U}) = \dot{Q} + \dot{W}_s + \sum_{inlets} P\dot{V} - \sum_{outlets} P\dot{V}$$

$$\sum_{outlets} (\dot{E}_k + \dot{E}_p + \dot{U} + P\dot{V}) - \sum_{inlets} (\dot{E}_k + \dot{E}_p + \dot{U} + P\dot{V}) = \dot{Q} + \dot{W}_s$$

엔탈피의 정의: $\dot{H} = \dot{U} + P\dot{V}$

최종적인 에너지 수지식

$$\sum_{outlets} (\dot{E}_k + \dot{E}_p + \dot{H}) - \sum_{inlets} (\dot{E}_k + \dot{E}_p + \dot{H}) = \dot{Q} + \dot{W}_s$$

$$\Delta = \sum_{outlets} - \sum_{inlets}$$

$$\Delta \dot{E}_k + \Delta \dot{E}_p + \Delta \dot{H} = \dot{Q} + \dot{W}_s$$

대부분의 화학공정에서 $\Delta \dot{E}_k, \Delta \dot{E}_p \ll \Delta \dot{H}$

$$\boxed{\Delta \dot{H} = \sum_{outlets} \dot{H} - \sum_{inlets} \dot{H} = \dot{Q} + \dot{W}_s}$$

● 비에너지 (Specific Energy)를 이용한 열린계에 대한 에너지 수지식

$\dot{E}$(J/s) = $\hat{E}$ (J/kg) x $\dot{m}$ (kg/s)

$$\sum_{outlets} \dot{m}\,(\widehat{E_k} + \widehat{E_p} + \widehat{H}) \;-\; \sum_{inlets} \dot{m}(\widehat{E_k} + \widehat{E_p} + \widehat{H}) = \dot{Q} + \dot{W_s}$$

$\dot{m}$ = 질량유속, $\widehat{E_k} = u^2/2$, $\widehat{E_p} = gh$, u = 선속도 (m/s), g = 중력가속도, h = 기준점으로부터 높이.

$|\Delta \dot{E_p}|$, $|\Delta \dot{E_k}| \ll |\Delta \dot{H}|$ 일 경우,

$$\sum_{outlets} \dot{m}\,\widehat{H} \;-\; \sum_{inlets} \dot{m}\widehat{H} = \dot{Q} + \dot{W_s}$$

(예제) 닫힌계의 에너지수지

부피가 5 L인 cylinder에 이상기체가 30℃, 5 bar에 들어있다. 이 기체가 등온과정으로 10 bar까지 두 단계 (two steps)를 통해서 비가역적으로 압축된다. 이 때 중간단계의 압력을 P라고 하자. 기체상수 R = 0.08314 L·bar/(mol·K)

① 시스템에 가해지는 총 일 (W)의 양을 중간압력 P의 함수로 나타내시오.

② 총 일 (W)의 최솟값 (kJ)과 이때의 중간압력 P (bar)의 값을 구하시오.

③ 최소한의 일이 가해질 동안 이 과정에서 시스템과 주의 사이에 교환되는 열에너지의 양 (kJ)을 구하시오.

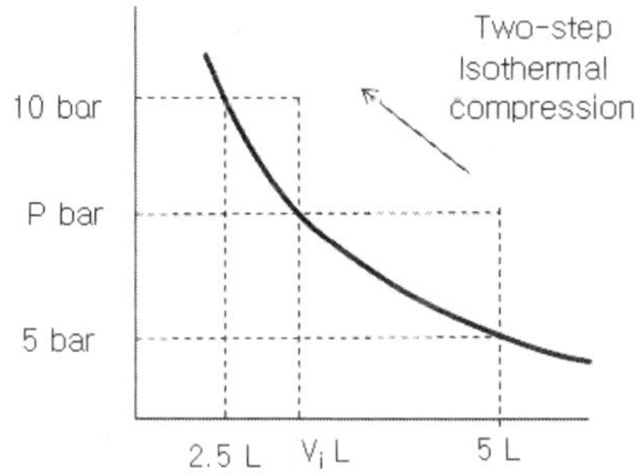

(풀이)

기체의 mol수: n = PV/RT = (5 bar x 5 L)/(0.08314 x 303K) = 0.992 mol

등온과정이므로 PV = nRT = 5 bar x 5 L = 25 bar·L = 일정

중간단계의 부피: V_i = nRT/P = 25/P

① 비가역과정이므로 W = $-P_{ext}\ \Delta V$

Two-step compression:

W = -P (25/P - 5) - 10 (2.5 - 25/P)

$= 5P - 25 + 250/P - 25$

$= 5P + 250/P - 50$

② 산술평균 ≥ 기하평균 이므로

$5P + 250/P \geq 2\sqrt{5P \times 250/P} = 2\sqrt{5 \times 250} \approx 70.7$

$W \geq 70.7 - 50 = 20.7$ bar·L = 2.07 kJ

따라서 일의 최솟값 = 2.07 kJ

최소일 때 5P = 250/P → P2 = 50 → P = 7.07 bar

③ $\Delta U_{system} = U_{final} - U_{initial} = Q + W$

등온과정이므로 $\Delta U_{system} = 0 = Q + W$

따라서 Q = -W = -2.07 kJ (냉각)

(예제) 닫힌계의 에너지수지

Bromine (Br_2) (분자량 = 160)의 여러 온도와 압력에서 내부에너지 값은 아래의 표와 같다. 1 atm에서 bromine의 끓는 온도 (T_b) = 331.6 K.

State	T (K)	P (bar)	V (L/mol)	U (kJ/mol)
Liquid	300	0.310	0.0516	00.00
Vapor	300	0.310	79.94	28.24
Vapor	340	1.33	20.92	29.62

Bromine 50 g (0.312 mol)이 10 liter 용기에 300 K의 온도로 들어있다.

① 용기 내부의 압력을 구하시오.

② 용기 내부의 기체 bromine과 액체 bromine의 질량 (g)을 구하시오.

③ 용기의 온도가 340 K로 가열될 경우 용기 내부의 압력과 이때

④ 공급해주어야 될 열에너지의 값 (kJ)을 계산하시오.

※ 이 문제는 Bromine의 상도표를 그려보고 기체-액체 평형선을 생각하면 이해하기 쉽다.

(풀이)

① 만일 300K에서 용기 내부의 모든 bromine이 기체라면, 용기 내부의 압력은 P = nRT/V = 0.312 x 0.08314 x 300 K / 10 L = 0.778 bar가 되어야 한다. 이 압력은 300 K에서의 포화압력 0.310 bar보다 높으므로, 용기 내부의 압력은 0.310 bar이고 bromine의 일부는 액체이다.

② Bromine 기체의 질량: $m_g = 10\,L \dfrac{mol}{79.94\,L}\dfrac{160\,g}{1\,mol} \approx 20\,g$

Bromine 액체의 질량: 50 - 20 = 30 g

※ Bromine 액체의 부피 = $30\,g\dfrac{1\,mol}{160\,g}\dfrac{0.0516\,L}{1\,mol} \approx 0.01\,L$ << 10 L 이므로 용기 내부에서 bromine 액체의 부피는 무시할 수 있다.

③ 만일 340K에서 용기 내부의 모든 bromine이 기체라면,

용기 내부의 압력 P = 50x0.08314x340 K/(160x10 L) = 0.883 bar.

1 atm에서 bromine의 정상끓는온도 = 331.6 K이므로 340 K에서 bromine의 끓는 압력은 1 atm보다 크다. 따라서 용기 내부의 bromine은 모두 기체이다. 또한 용기내부의 압력은 0.883 bar이다.

④ 닫힌계의 에너지 수지식: △U = Q + W = Q, W = 0

Q = △U = 0.312x29.62 kJ/mol - (0.125x28.84 kJ/mol + 0.187x0) = 5.636 kJ

(예제) 열린계의 에너지수지: 터빈

터빈을 이용해서 스팀으로부터 전기를 생산하려고 한다. 터빈에 유입되는 스팀은 40 bar, 500℃이고 터빈에서 유출되는 스팀은 1 bar, 150℃이다. 스팀의 유출 위치는 유입위치보다 10 m 아래에 있다. 질량유속은 2000 kg/h이다. 스팀의 유입과 유출에 사용되는 관의 직경은 10 cm이다.

이 터빈이 단열되어 있을 경우 $\Delta \dot{E}_k$, $\Delta \dot{E}_p$, $\dot{W}_s$의 값을 구하시오.

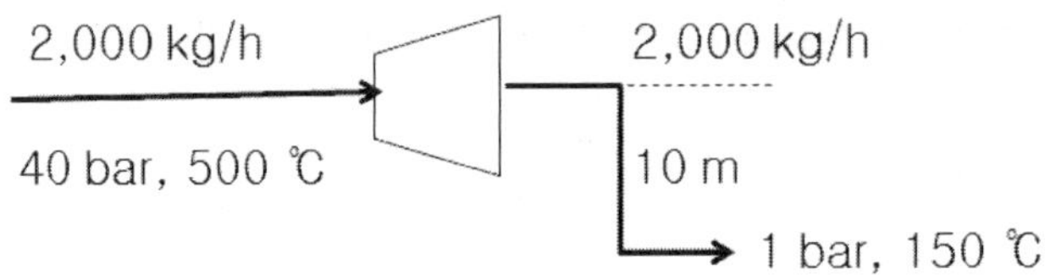

유입되는 스팀과 유출되는 스팀의 물성은 다음 표와 같다.

Property	40 bar, 500℃	1 bar, 150℃
$\Delta \hat{H}$ (kJ/kg)	3445	2776
$\hat{V}$ (m^3/kg)	0.0864	1.94

(풀이)

$$\dot{m} = 2{,}000\,\frac{kg}{h}\,\frac{1\,h}{3{,}600\,s} = 0.556\,kg/s$$

유입되는 스팀의 선속도

$$u_1 = \frac{\dot{V}_1}{\pi r^2} = \frac{\hat{V}_1\,\dot{m}}{\pi r^2} = \frac{0.0864\,m^3}{kg}\,\frac{0.556\,kg}{s}\,\frac{1}{3.14}\,\frac{1}{(0.05\,m)^2} = 6.12\,m/s$$

유출되는 스팀의 선속도

$$u_2 = \frac{\dot{V}_2}{\pi r^2} = \frac{\widehat{V}_2\,\dot{m}}{\pi r^2} = \frac{1.94\,m^3}{kg}\,\frac{0.556\,kg}{s}\,\frac{1}{3.14}\,\frac{1}{(0.05\,m)^2} = 137\,m/s$$

$$\Delta\dot{E}_k = \frac{\dot{m}}{2}(u_2^2 - u_1^2) = \frac{0.556\,kg/s}{2}(137^2 - 6.12^2)\,\frac{m^2}{s^2}\,\frac{1\,kJ}{10^3\,kg\,m^2/s^2} = 5.21\,kJ/s$$

$$\Delta\dot{E}_p = \dot{m}g\,(h_2 - h_1) = \frac{0.556\,kg}{s}\,\frac{9.8\,m}{s^2}(-10\,m)\,\frac{1\,kJ}{10^3\,kg\,m^2/s^2} = -0.0545\,kJ/s$$

$$\Delta\dot{H} = \dot{m}\,(\widehat{H}_2 - \widehat{H}_1) = \frac{0.556\,kg}{s}\,(2776 - 3445)\,\frac{kJ}{kg} = -372\,kJ/s$$

단열공정이므로, $\dot{Q} = 0$
정상상태 열린계에 대한 에너지 수지식을 사용하면,

$$\sum_{outlets}(\dot{E}_k + \dot{E}_p + \dot{H}) - \sum_{inlets}(\dot{E}_k + \dot{E}_p + \dot{H}) = \dot{Q} + \dot{W}_s$$

$$\dot{W}_s = \Delta\dot{E}_k + \Delta\dot{E}_p + \Delta\dot{H} = (5.21 - 0.0545 - 372)\,kJ/s = -367\,kJ/s = -367\,kW$$

$\dot{W}_s\ (= -367\,kW)$가 음수이므로 계가 에너지를 생산한다.

이 예제를 통해서 $|\Delta\dot{E}_p| \ll |\Delta\dot{E}_k| \ll |\Delta\dot{H}|$의 관계를 확인할 수 있다.

(예제) 열린계의 에너지수지: Steam Generator

25℃, 10 bar 액체 H_2O가 Boiler로 유입되어서 500℃, 20 bar의 스팀으로 유출된다. 스팀의 유출량은 10000 m^3/h이다.

① 스팀의 유출 pipe의 내경 (ID)이 10 cm일 때 ΔE_k (kW) 값을 구하시오.

② 이 때 boiler에 가해주어야 되는 열에너지의 양 Q (kW)을 계산하시오.

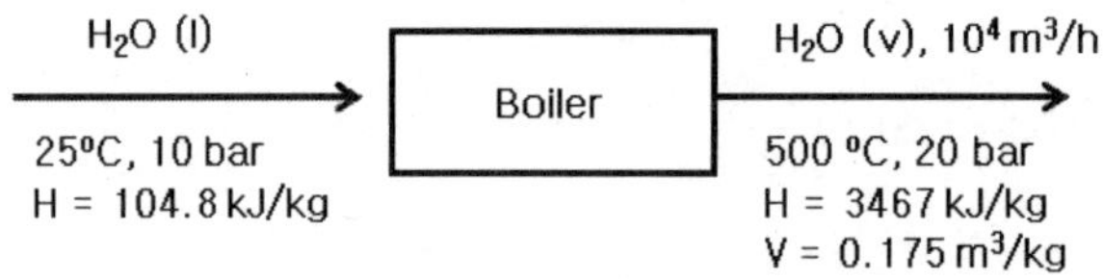

(풀이)

$$u_{outlet} = \frac{10^4 m^3}{h}\frac{1\,h}{3600\,s}\frac{1}{\pi(5\,cm)^2}\frac{(100\,cm)^2}{1\,m^2} = 353.9\,m/s$$

$$u_{inlet} << u_{oulet}$$

① 질량유속: $\dot{m} = \frac{10^4 m^3}{h}\frac{1\,h}{3600\,s}\frac{1\,kg}{0.175\,m^3} = 15.9\,kg/s$

$$\Delta \dot{E}_k = \frac{\dot{m}\,u_{outlet}^2}{2} = \frac{15.9\,kg}{2\,s}\left(\frac{353.9\,m}{s}\right)^2 \approx 996\,kJ/s\ (kW)$$

② $\Delta \dot{E}_k + \Delta \dot{E}_p + \Delta \dot{H} = \dot{Q} + \dot{W}_s \rightarrow \Delta \dot{E}_k + \Delta \dot{H} = \dot{Q}$

$$\dot{Q} = 15.9\frac{kg}{s}(3467 - 104.8)\frac{kJ}{kg} + 996\frac{kJ}{s} = 54.5\frac{kJ}{s}\ (kW)$$

(예제) 열린계의 에너지수지: Condenser

60 bar 350℃ 수증기 (Water vapor)가 10 kg/s의 질량유속으로 응축기 (condenser)로 유입되고 1 bar 포화상태의 증기와 액체로 유출된다. 유출 stream은 70 mass%의 액체를 가지고 있다. 이 응축기의 열교환 속도 (kW)를 계산하시오.

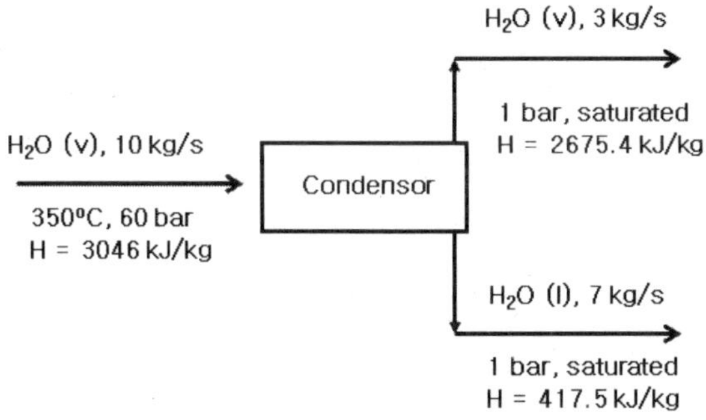

(풀이)

$$\dot{Q} = \Delta \dot{H} = \frac{10\,kg}{s}\,(2675.4 \times 0.3 + 417.5 \times 0.7 - 3046)\,\frac{kJ}{kg} = -19511.3\,kW$$

(예제) 열린계의 에너지수지: Nozzle

250℃ 8 bar의 수증기 ($\hat{H} = 2950\,kJ/kg$)가 1 kg/s의 유속으로 nozzle을 통과해서 180℃ 1 bar의 수증기 ($\hat{H} = 2835\,kJ/kg$)로 팽창된다. 주위 (surrounding)로부터 nozzle로 10 kJ/s의 열에너지가 공급된다. 이 때 nozzle에서 나오는 수증기의 유속 (m/s)을 구하시오. 단 nozzle에 유입되는 수증기의 유속은 무시할 만큼 작다고 가정하시오.

(풀이)

위치에너지의 변화가 없고 가해준 일이 없으므로,

$$\Delta \dot{E}_p = 0, \qquad \dot{W}_s = 0$$

$$\Delta \dot{E}_k + \Delta \dot{E}_p + \Delta \dot{H} = \dot{Q} + \dot{W}_s \;\rightarrow\; \Delta \dot{E}_k + \Delta \dot{H} = \dot{Q}$$

$\Delta \dot{H}$ = (2835 - 2950) kJ/kg x 1 kg/s = - 115 kJ/s

$\dot{Q}$ = 10 kJ/s

$$\Delta \dot{E}_k = -\Delta \dot{H} + \dot{Q} = 115 + 10 = 125\,kJ/s$$

$$\Delta \dot{E}_k = \dot{m}(\frac{u_{outlet}^2}{2} - \frac{u_{inlet}^2}{2}) \approx \dot{m}\frac{u_{outlet}^2}{2} = 125\,kJ/s$$

$$m = 1\ kg/s \rightarrow \frac{u_{outlet}^2}{2} = 125\,\frac{kJ}{s}\frac{s}{1\,kg} = 125\,kJ/kg$$

$$u_{outlet} = \sqrt{2\times 125\frac{kJ}{kg}\frac{10^3\,J}{kJ}\frac{kg\cdot m^2}{J\cdot s^2}} \approx 500\,m/s$$

7.3 기계적 에너지 수지식 (Bernoulli 식)

1) Bernoulli 식

$$\frac{u_a^2}{2} + gZ_a + \frac{P_a}{\rho} + \eta W_p - h_f = \frac{u_b^2}{2} + gZ_b + \frac{P_b}{\rho}$$

각 항의 단위는 J/kg이다

η = 펌프효율, W_p = Pump 용량 (J/kg), h_f = 마찰 손실.
u_a, Z_a, P_a: 유입유속, 유입지점의 높이, 유입압력
u_b, Z_b, P_b: 유출유속, 유출지점의 높이, 유출압력

2) Bernoulli 식과 정상상태 에너지 수지식과의 비교

정상상태 에너지 수지식

$$\sum_{outlets} \dot{m}\,(\widehat{E_k} + \widehat{E_p} + \widehat{H}) \quad - \sum_{inlets} \dot{m}(\widehat{E_k} + \widehat{E_p} + \widehat{H}) = \dot{Q} + \dot{W_s}$$

입력위치 a와 출력위치 b에 대해서

$$\dot{m}\,(\frac{u_b^2}{2} + gZ_b + \widehat{H_b}) \quad - \dot{m}(\frac{u_a^2}{2} + gZ_a + \widehat{H_a}) = \dot{Q} + \dot{W_s}$$

양변을 질량흐름속도 m으로 나누면

$$(\frac{u_b^2}{2} + gZ_b + \widehat{H_b}) \quad - (\frac{u_a^2}{2} + gZ_a + \widehat{H_a}) = \frac{\dot{Q}}{\dot{m}} + \frac{\dot{W_s}}{\dot{m}}$$

$$\frac{u_a^2}{2} + gZ_a + \widehat{H}_a + \frac{\dot{Q}}{\dot{m}} + \frac{\dot{W}_s}{\dot{m}} = \frac{u_b^2}{2} + gZ_b + \widehat{H}_b$$

엔탈피와 내부에너지 관계식을 적용하면

$$\hat{H} = \hat{U} + P\hat{V} = \hat{U} + \frac{P}{\rho}$$

$$\frac{u_a^2}{2} + gZ_a + \frac{P_a}{\rho} + \hat{U}_a + \frac{\dot{Q}}{\dot{m}} + \frac{\dot{W}_s}{\dot{m}} = \frac{u_b^2}{2} + gZ_b + \frac{P_b}{\rho} + \hat{U}_b$$

$$\frac{u_a^2}{2} + gZ_a + \frac{P_a}{\rho} + \hat{U}_a - \widehat{U}_b + \frac{\dot{Q}}{\dot{m}} + \frac{\dot{W}_s}{\dot{m}} = \frac{u_b^2}{2} + gZ_b + \frac{P_b}{\rho}$$

위 식을 다음의 기계적 에너지 수지식과 비교하면

$$\frac{u_a^2}{2} + gZ_a + \frac{P_a}{\rho} + \eta W_p - h_f = \frac{u_b^2}{2} + gZ_b + \frac{P_b}{\rho}$$

$$\eta W_p = \frac{\dot{W}_s}{\dot{m}}$$

$$h_f = (\hat{U}_b - \widehat{U}_a) - \frac{\dot{Q}}{\dot{m}}$$

(예제) Bernoulli 식

저수지의 물을 수직 높이 차이가 100 m 위의 장소에 공급하려고 한다. 파이프의 직경은 6 cm이며 파이프의 경사각도는 45°이다. 마찰손실, h_f (J/kg)는 0.2 l이며 여기에서 l은 파이프의 길이 (m)이다. 물의 공급량이 100 L/min가 되기 위해서 필요한 pump의 일률 (kW)을 구하라. 펌프의 효율은 100%로 가정한다.

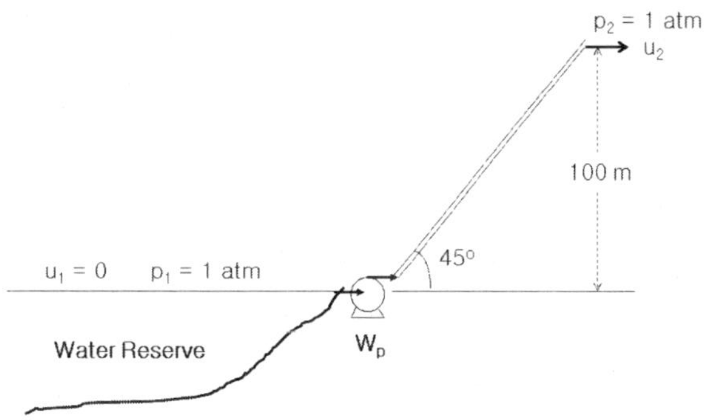

(풀이)

저수지 표면에서 $u_1 = 0$, $Z_1 = 0$

물이 공급되는 곳을 위치에서 $Z_2 = 100$ m

$$u_2 = \frac{100L}{\min}\frac{1\min}{60s}\frac{1m^3}{1000L}\frac{1}{\pi(0.03m)^2} = 0.590 \text{ m/s}$$

$$P_1 \approx P_2$$

마찰손실: $h_f = 0.2l = 0.2\sqrt{2}Z_2 = 28.3$ J/kg $(\sin 45° = \frac{1}{\sqrt{2}})$

$$\dot{m}=\frac{100L}{\min}\frac{1\min}{60s}\frac{1kg}{1L} = 1.67 \text{ kg/s}$$

위의 값들은 기계적 에너지 수지식에 대입하면

$$\frac{u_1^2}{2}+gZ_1+\frac{P_1}{\rho}+\frac{\dot{W}_p}{\dot{m}}-h_f=\frac{u_2^2}{2}+gZ_2+\frac{P_2}{\rho}$$

$$\dot{W}_p=\dot{m}\left(\frac{u_2^2}{2}+gZ_2+h_f\right)$$

$$=\frac{1.67\,kg}{s}\left(\frac{1}{2}0.590^2\,m^2/s^2+9.8\,m/s^2\times 100\,m+28.3\,J/kg\right)$$

$$= 1684 \text{ J/s} = 1.684 \text{ kW}$$

(예제) 기계적 에너지 수지식과 일반 에너지 수지식

액체 H_2O가 60 kg/min의 질량유속으로 단열된 수평 파이프를 통해서 흐르고 있다. 수평 파이프의 직경은 일정하지 않다. 이 파이프의 두 위치에서의 data는 다음과 같다.

	Point 1	Point 2
P_{abs}	3 atm	1 atm
ID (직경)	4 cm	8 cm

① 두 지점 사이의 마찰손실 (h_f) 값 (J/kg)을 구하시오.

② 두 지점 사이의 온도차를 구하시오.

물의 비열: $\hat{C}_p(H_2O, l) = 4189\,J/(kg\ ℃)$

(풀이)

물의 부피유속: $\dot{V} = \frac{60\,kg}{\min}\frac{1\,m^3}{10^3\,kg}\frac{1\min}{60\,s} = 0.001\,m^3/s$

두 지점에서 물의 유속:

$$u_1 = \frac{\dot{V}}{\pi r_1^2} = \frac{0.001\,m^3/s}{3.14\,(0.02\,m)^2} = 0.796\,m/s$$

$$u_2 = \frac{\dot{V}}{\pi r_2^2} = \frac{0.001\,m^3/s}{3.14\,(0.04\,m)^2} = 0.199\,m/s$$

두 지점 사이의 기계적 에너지 수지식:

$$\frac{u_1^2}{2} + g\,Z_1 + \frac{P_1}{\rho} + \eta\,W_p - h_f = \frac{u_2^2}{2} + g\,Z_2 + \frac{P_2}{\rho}$$

$Z_1 = Z_2,\ W_p = 0$ 이므로

$$\frac{u_1^2}{2} + \frac{P_1}{\rho} - h_f = \frac{u_2^2}{2} + \frac{P_2}{\rho}$$

$$\begin{aligned} h_f &= -\frac{u_2^2 - u_1^2}{2} - \frac{P_2 - P_1}{\rho} \\ &= -\frac{(0.199^2 - 0.796^2)}{2}\frac{m^2}{s^2}\frac{1\,J}{1\,kg\,m^2/s^2} \end{aligned}$$

$$-\frac{(1-3)\,atm}{10^3\,kg\,m^{-3}}\frac{1.013\times 10^5\,N\,m^{-2}}{1\,atm}\frac{1\,J}{1\,N\,m}$$

$= 203$ J/kg

② 두 지점 사이의 온도 차이를 구하기 위해서 일반 에너지 수지식 이용한다.

$$\dot{m}(\Delta\widehat{E}_k + \Delta\,\widehat{E}_p + \Delta\widehat{H}) = \dot{Q} + \dot{W}_s$$

$\Delta\widehat{E}_p = 0,\ \dot{Q} = 0,\ \dot{W}_p = 0$ 이므로

$$\dot{m}(\Delta\widehat{E}_k + \Delta\widehat{H}) = 0$$

$$\Delta\widehat{H} = -\,\Delta\widehat{E}_k = -\,\frac{(0.199^2 - 0.796^2)}{2}\frac{m^2}{s^2}\frac{1\,J}{1\,kg\,m^2/s^2} = 0.297\,J/kg$$

물의 비열: $\widehat{C}_p\,(H_2O, l) = 4189\,J/(kg\ ℃)$이므로

$$\Delta T = \frac{\Delta\widehat{H}}{\widehat{C}_p} = \frac{0.297\,J/kg}{4,189\,J/(kg\cdot ℃)} = 7\times10^{-5}℃$$

종합문제

(문제) 열린계의 에너지수지: Adiabatic expansion valve

80 bar 200℃의 H_2O (liquid)가 10 kg/s의 유속으로 단열 expansion valve로 유입된다. 이 유입 H_2O의 비엔탈피는 $\hat{H}$ = 855.1 kJ/kg이다. 단열 expansion valve에서는 1 bar (T = 99.6℃)에서 포화된 유출물이 나온다. 유출되는 기체 H_2O와 액체 H_2O의 비엔탈피는 각 각 $\widehat{H_V}$ = 2675.4 kJ/kg, $\widehat{H_L}$ = 417.5 kJ/kg이다. 액체유출물과 기체유출물의 질량유속 (kg/s)을 계산하시오.

(풀이)

액체유속 = L kg/s, 기체유속 = V kg/s

물질수지: 10 kg/s = V + L -- (1)

에너지 수지: $\dot{Q} = 0 = \Delta\dot{H} \rightarrow \dot{H}_{inlet} = \dot{H}_{outlet}$

$$\frac{10\,kg}{s}\frac{855.1\,kJ}{kg} = \frac{V kg}{s}\frac{2675.4\,kJ}{kg} + \frac{L\,kg}{s}\frac{417.5\,kJ}{kg} \quad \text{-- (2)}$$

(1)과 (2)식을 풀이하면

L = 1.94 kg/s V = 8.06 kg/s

(문제) 열린계의 에너지수지: Flow Process

Carbon dioxide (CO_2)가 30℃ 10 bar에서 10 m/s의 속도로 2 cm ID pipe 로 유입되고, 100 m아래의 장소로 2 cm ID pipe를 통해서 30℃, 5 bar로 유출된다.

① 출구와 입구사이의 ΔE_k, ΔE_p, ΔH, $\dot{Q}$값을 J/s 단위로 구하시오.

② 출구와 입구사이의 마찰손실 값 (h_f, kJ/kg)을 계산하시오.

CO_2 는 이상기체이고 기체상수 R = 0.08314 L·bar/(mol·K).

(풀이)

부피유속: $\dot{V} = \pi\,(1\,cm)^2 \dfrac{1\,m^2}{(10\,cm)^2}\dfrac{10\,m}{s} = 0.003\,m^3/s = 3\,L/s$

mol유속: $\dot{n} = \dfrac{P\dot{V}}{RT} = \dfrac{10\ \times 3\,L/s}{0.08314 \times 303K} = 1.19\,mol/s$

질량유속: $\dot{m} = MW \times \dot{n} = 44 \times 1.19 = 52.36\,g/s$

유출속도: u_{outlet} = 10 m/s x 10 bar/5 bar = 20 m/s

(유입 유출되는 CO_2의 온도는 같다.)

①

$$\Delta \dot{E}_k = \frac{\dot{m}(u_{outlet}^2 - u_{inlet}^2)}{2} = \frac{0.05236\,kg/s}{2}(20^2 - 10^2) = 7.854\,J/s\,(W)$$

$$\Delta \dot{E}_p = \dot{m}g\Delta h = \frac{0.05236\,kg}{s} \times \frac{9.8\,m}{s} \times (-100\,m) = -51.3\,J/s$$

$$\Delta \dot{H} = \Delta \dot{U} + \Delta(P\dot{V}) = 0 + \Delta \dot{n}RT = 0 + 0 = 0$$

(※ 유입과 유출 CO_2의 온도가 동일하므로)

$$\Delta \dot{E}_k + \Delta \dot{E}_p + \Delta \dot{H} = \dot{Q} + \dot{W}_s = \dot{Q} = 7.854 - 51.3 + 0 = -43.446\,J/s\,(W)$$

② 두 지점 사이의 기계적 에너지 수지식:

$$\frac{u_1^2}{2} + gZ_1 + \frac{P_1}{\rho} + \eta W_p - h_f = \frac{u_2^2}{2} + gZ_2 + \frac{P_2}{\rho}$$

$$\dot{m}(\frac{u_1^2}{2} + gZ_1 + \frac{P_1}{\rho} + \eta W_p - h_f) = \dot{m}(\frac{u_2^2}{2} + gZ_2 + \frac{P_2}{\rho})$$

$$W_p = 0, \ \dot{m} = \rho \dot{V}$$

$$\Delta \dot{E}_k + \Delta \dot{E}_p + \Delta P\dot{V} = -\dot{m}h_f$$

$\Delta(P\dot{V}) = \Delta\dot{n}RT = 0$ 이므로

$$\Delta \dot{E}_k + \Delta \dot{E}_p = -\dot{m}h_f = 7.854 - 51.3 = -43.446\, J/s$$

$$h_f = \frac{59.2\, J/s}{0.05236\, kg/s} = 1.13\, kJ/kg$$

(문제) 열린계의 에너지수지: Flow Process

액체 H_2O가 직경 2 cm인 pipe로 유입되어 50 m위로 직경 4 cm인 pipe를 통해서 10 L/s의 부피유속으로 유출된다.

① $\triangle E_k$와 $\triangle E_p$ 값 (kJ/s)을 계산하시오.

② pipe가 완전하게 단열되었을 경우 물의 유출온도가 유입온도보다 0.2℃ 높아졌다. pipe 내의 마찰손실 h_f 값 (kJ/kg)과 pump의 용량 (kJ/kg)을 계산하시오. Pump의 효율 (η)은 70%이다.

③ 만일 물의 온도가 유입온도 25℃에서 유출온도 45℃로 증가하였을 경우 열 교환

양 (kJ/s)을 구하시오.

물의 비열: $\hat{C}_p(H_2O, l) = 4189\,J/(kg\,℃)$

(풀이)

부피유속: $\dot{V} = 10\,L/s = 0.01\,m^3/s$

질량유속: $\dot{m} = 10\,L/s \times 1\,kg/L = 10\,kg/s$

단면적: $$s_{inlet} = \pi r^2 = \pi(1\,cm)^2 \frac{1\,m^2}{(100\,cm)^2} = \pi \times 10^{-4}\,m^2$$

$$s_{outlet} = \pi r^2 = \pi(2\,cm)^2 \frac{1\,m^2}{(100\,cm)^2} = \pi \times 4 \times 10^{-4}\,m^2$$

유체속도: u_{inlet} = 0.01 (m^3/s)/s_{inlet} = 31.8 m/s

u_{outlet} = 0.01 (m^3/s)/s_{outlet} = 7.96 m/s

Δz = 50 m

① $$\Delta \dot{E}_k = \frac{\dot{m}(u_{outlet}^2 - u_{inlet}^2)}{2} = \frac{10\,kg/s}{2}(7.96^2 - 31.8^2) = -4.74\,kJ/s\,(kW)$$

$$\Delta \dot{E}_p = \dot{m} g \Delta h = \frac{10\,kg}{s} \times \frac{9.8\,m}{s} \times (50\,m) = 4.9\,kJ/s\,(kW)$$

② $$h_f = (\hat{U}_b - \hat{U}_a) - \frac{\dot{Q}}{\dot{m}} = \Delta \hat{U} + 0 = \hat{C}_{H_2O} \Delta T$$

= 4.189 kJ/(kg·℃) x 0.2℃ = 0.84 kJ/kg

기계적 에너지 수지식으로부터

$$\dot{m}\left(\frac{u_1^2}{2}+gZ_1+\frac{P_1}{\rho}+\eta W_p-h_f\right)=\quad \dot{m}\left(\frac{u_2^2}{2}+gZ_2+\frac{P_2}{\rho}\right)$$

$P_1 = P_2 = 1$ atm, ρ = constant

$$\eta W_p = h_f+\frac{1}{\dot{m}}(\Delta \dot{E}_k+\Delta \dot{E}_p) = 0.84+\frac{1}{10}(-4.74+4.9) = 0.856\,kJ/kg$$

$$W_p = 0.856\,kJ/kg/0.7 = 1.223\,kJ/kg$$

③

- 일반에너지 수지식으로부터

$$\Delta \dot{H} = \dot{m}\,\widehat{C}_p\,\Delta T = 10\,kg/s \times 0.0754\,kJ/(mol\cdot ℃)\times\frac{1\,mol}{0.018\,kg}\times 20℃ = 838\,kJ/s$$

$$\dot{W}_s = \dot{m}\eta W_p = 10\times 0.7\times 1.223 = 8.561\,kJ/s$$

$$\dot{Q} = \Delta \dot{E}_k+\Delta \dot{E}_p+\Delta \dot{H}-\dot{W}_s = -4.74+4.9+838-8.561 \approx 829.6\,kJ/s$$

- 기계적 에너지 수지식으로부터

$$h_f = (\widehat{U}_b-\widehat{U}_a)-\frac{\dot{Q}}{\dot{m}}$$

→

$$\dot{Q} = \dot{m}(\Delta \widehat{U}-h_f) = \frac{10\,kg}{s}\left(0.0754\frac{kJ}{mol\cdot ℃}\frac{1\,mol}{0.018\,kg}\times 20℃-0.84\right) = 829.4\,kJ/s$$

※ 일반에너지수지식과 기계적 에너지 수지식을 이용한 결과가 거의 동일하다.

(문제) 일반에너지수지식과 기계적 에너지수지식

물이 저수지 (water reservoir)에서 단열된 pipe (Q = 0)를 통해서 위에 있는 물 tank로 공급된다. 사용된 pump의 power는 3 kW이다. Pipe안의 마찰계수 (h_f)는 pipe길이 (L)의 함수이다. h_f (J/kg) = 0.2 L (m).

① 저수지에서 pipe가 수직으로 세워져 있을 때 위에 있는 물 tank의 최대 높이를 구하시오.

② 이 최대 높이에 물 tank가 있을 때 저수지와 물 tank사이의 물의 온도차 (℃)를 계산하시오.

물의 비열: $\hat{C}_p(H_2O, l) = 4189\, J/(kg\ ℃)$

(풀이)

①

※ 저수지 표면에서 유속은 0 (u_1 = 0) 으로 가정한다 .

$P_1 = P_2 =$ 1 atm, $z_1 = 0$, $u_1 = 0$

최대높이에서 $u_2 = 0$ $h_f = 0.2z2$

$$\frac{u_1^2}{2} + g Z_1 + \frac{P_1}{\rho} + \eta W_p - h_f = \frac{W_s}{\dot{m}} - 0.2z_2 = \frac{3000\, J/s}{3\, kg/s} - 0.2z_2$$

$$\frac{u_2^2}{2} + g Z_2 + \frac{P_2}{\rho} = g\, z_2$$

따라서, $\frac{3000\, J/s}{3\, kg/s} - 0.2z_2 = g\, z_2$

1000 J/kg = (g + 0.2) z_2 = (9.8 + 0.2) z_2 = 10 z_2

$\therefore$ 최고높이 $z_2 = 100$ m

② $\Delta \dot{E}_k + \Delta \dot{E}_p + \Delta \dot{H} = \dot{Q} + \dot{W}_s = \dot{W}_s$

$u_1 = 0$ $u_2 = 0$이므로 $\Delta \dot{E}_k = 0 \quad \Delta \dot{E}_p = \dot{m} g z_2$

따라서 $\dot{m} g z_2 + \Delta \dot{H} = \dot{W}_s$

$\dot{m} g z_2 + \dot{m} \Delta \hat{H} = \dot{W}_s$

$$\Delta \hat{H} = \dot{W}_s / \dot{m} - g z_2 = \frac{3000\, J/s}{3\, kg/s} - 9.8 \frac{m}{s^2} 100\, m \frac{1\, J \cdot s}{1\, kg \cdot m^2} = 20\, J/kg$$

$$\Delta \hat{H} = \hat{C}_p \Delta T$$

$$\Delta T = \frac{\hat{H}}{\hat{C}_p} = \frac{20\, J/kg}{4189 \dfrac{J}{kg \cdot ℃}} = 0.0048\, ℃$$

제8장

엔탈피 계산

8.1 가상경로 (hypothetical path)와 엔탈피 변화량 계산

- 가상경로: 물질의 온도, 압력, 상 (phase) 등이 실제로는 비가역적으로 변화하지만, 엔탈피는 상태함수임을 이용하여 실제 비가역적 변화의 초기상태와 최종상태를 다수의 단일 가역단계로 연결하여 구성한 경로.

- 단일 가역단계: 온도, 압력, 상 (phase) 중 한 가지만 변하는 등압, 등온, 상변화 단계.

※ 등압단계와 상변화 단계의 압력은 열역학적인 data가 축적되어 있는 1 atm으로 한다.

- 초기상태와 최종상태 사이의 실제 엔탈피 변화량은 각 단일 가역단계의 엔탈피 변화량의 합으로 나타낸다.

$$\Delta \hat{H} = \sum_{i=1}^{n} \Delta \hat{H}_i$$

$\Delta \hat{H}$ = 전체 변화의 엔탈피 변화 값, $\Delta \hat{H}_i$ = 단일 가역단계의 엔탈피 변화,

n = 단일 가역단계의 개수

(예제) 가상경로 작성

고체 phenol (25℃, 2 atm)을 기체 (300℃, 3 atm)로 기화시키는 공정을 가상경로로 나타내시오.

(풀이)

● Phenol의 간단한 상도표 위에 초기상태 (25℃, 2 atm, solid)와 최종상태 (300℃, 3 atm, gas)를 표시한 후 다수의 단일 가역단계로 연결한다.

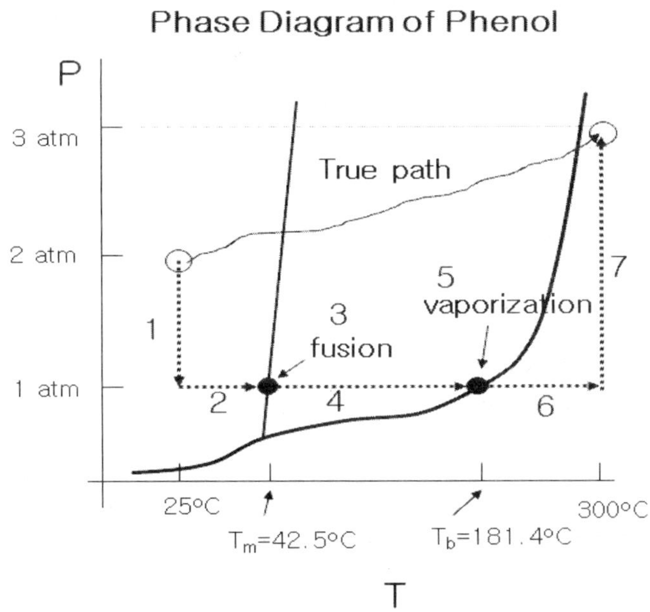

● 가상경로

초기상태 (25℃, 2 atm, 고체) -> ① 고체의 25℃등온 감압 (2 atm - 1 atm) -> ② 1 atm에서 고체 등압가열 (25℃-42.5℃) -> ③ 용융 (42.5℃, 1 atm) -> ④ 1 atm에서 액체

의 등압가열 (42.5℃-181.4℃) -> ⑤ 기화 (181.4℃, 1 atm) -> ⑥ 1 atm에서 기체의 등압가열 (181.4℃-300℃) -> ⑦ 기체의 300℃ 등온압축 (1 atm - 3 atm) -> 최종상태 (기체, 300℃, 3 atm)

● 간단한 가상경로

압력의 변화가 엔탈피에 미치는 영향은 아주 작으므로 무시해도 되며, 온도변화와 상변화만을 고려한 간단한 가상경로로 구성

초기상태 (고체, 25℃, 2 atm)
↓ 고체의 용융온도까지 가열
고체, 42.5℃, 1 atm
↓ 고체의 용융
액체, 42.5℃, 1 atm
↓ 액체의 끓는 온도까지 가열
액체, 181.4℃, 1 atm
↓ 액체의 기화
기체, 181.4℃, 1 atm
↓ 기체의 가열
최종상태 (기체, 300℃, 3 atm)

8.2 엔탈피에 대한 압력의 영향

1) 고체 및 액체의 엔탈피에 대한 압력의 영향

온도가 일정하면 압력이 변하더라도 내부에너지 값은 변하지 않는다.

$$\Delta U_{T=constant} \approx 0$$

$$\Delta \hat{H} = \Delta(\hat{U} + P\hat{V}) = \Delta \hat{U} + \hat{V}\Delta P = \hat{V}\Delta P$$

$\hat{V}$ = 비용적 (Specific Volume, L/mol) ΔP = 압력 변화량

2) 기체의 엔탈피에 대한 압력의 영향

(1) 이상기체의 엔탈피 변화

$$\Delta \hat{H} = \Delta(\hat{U} + P\hat{V}) = 0 + \Delta P\hat{V} = \Delta RT = R\Delta T = 0$$

(2) 비이상기체의 엔탈피 변화

비이상기체의 경우 등온공정에서 압력변화에 따라서 엔탈피 변화는 영 (0)은 아니지만 그 값이 매우 작아서 무시할 수 있다.

※ 결론: 온도가 일정할 때 압력변화가 물질의 엔탈피에 주는 영향은 아주 작다

(예제) 액체의 엔탈피에 대한 압력의 영향

액체 benzene (분자량 78) 1 mol이 25 ℃ 에서 1 atm에서 11 atm으로 등온압축될 때 엔탈피 변화 (kJ/mol)를 계산하시오.

액체 benzene의 밀도 = 0.879 kg/L

(풀이)

$\Delta\hat{H} = \hat{V}\Delta P$

$$= \frac{1\,L}{0.879\,kg}\frac{0.078\,kg}{mol}\frac{1\,m^3}{1000\,L}\frac{(11-1)\,atm}{}\frac{1.013\times10^5\,N/m^2}{1\,atm}\frac{1\,kJ}{10^3\,N\cdot m}$$

$$= 0.089\,kJ/mol$$

(예제) 비이상기체의 엔탈피에 대한 압력의 영향

Ethane (C_2H_6) 기체 1 mol을 25℃에서 1 atm에서 30 atm으로 압축시켰을 경우 엔탈피 변화를 계산하라.

(풀이)

Ethane을 30 atm에서 비이상기체로 가정하고 압축인자 값을 구하기 위해서 임계온도와 임계압력을 구한다.

T_c = 305.4 K, P_c = 48.2 atm

$T_r = T/T_c$ = 298/305.4 = 0.976

$P_r = P/P_c$ = 30/48.2 = 0.622

z = 0.74 (압축인자 도표로부터 구함)

$$\Delta \widehat{H} = \Delta(\widehat{U} + P\widehat{V}) = \Delta P\widehat{V} = P_2\widehat{V}_2 - P_1\widehat{V}_1 = zRT_1 - RT_1 = RT_1(z-1)$$

$$= \frac{8.314\,J}{mol \cdot K} 298K(0.74-1) = -0.644kJ/mol$$

8.3 엔탈피에 대한 온도의 영향

1) 열용량 (Heat Capacity)

- 열용량 (C, J/℃): 물질의 온도를 1℃ (1K) 올리기 위해서 필요한 에너지 (J)
- 비열 ($\hat{C}$, Specific Heat Capacity): 물질 1 kg의 열용량. 단위= J/(kg·℃)

열용량이 C인 물질의 온도를 T_1 에서 T_2로 변화시키기 위해서 필요한 열에너지의 양은 다음 식으로부터 구한다.

$$Q = \int_{T_1}^{T_2} C(T)\,dT = \int_{T_1}^{T_2} m\,\hat{C}(T)\,dT$$

m = 물질의 질량

(1) 정용열용량 (C_v)과 정압열용량 (C_p)

닫힌계의 에너지 수지식 $\Delta U_{system} = U_{final} - U_{initial} = Q + W$

- 계의 부피가 일정할 때 C = C_v, W = 0, $Q = \int_{T_1}^{T_2} C_v\,dT$

$$\Delta U = Q + 0 = \int_{T_1}^{T_2} C_v\,dT$$

- 계의 압력이 일정할 때: C = C_P, $W = -P\Delta V$, $Q = \int_{T_1}^{T_2} C_P\,dT$

$$\Delta U = \int_{T_1}^{T_2} C_P\,dT - P\Delta V$$

$$\Delta U + P\Delta V = \Delta H = \int_{T_1}^{T_2} C_P dT$$

$$dH = dU + dPV$$

$$C_p\,dT = C_v\,dT + d(PV)$$

- 액체와 고체의 경우 $d(PV) \approx 0$ 이므로

$$C_p \approx C_v$$

- 기체의 경우 $d(PV) \approx nRdT$ 이므로

$$C_p = C_v + nR \quad \text{또는} \quad \widehat{C}_p = \widehat{C}_v + R$$

(2) 온도와 $\widehat{C}_p$

온도가 증가하면 $\widehat{C}_p$값은 커진다.

동일한 물질이라도 $\widehat{C}_p$값은 상에 따라서 다르다.

상변화가 발생할 경우 $\widehat{C}_p$값의 gap이 존재한다.

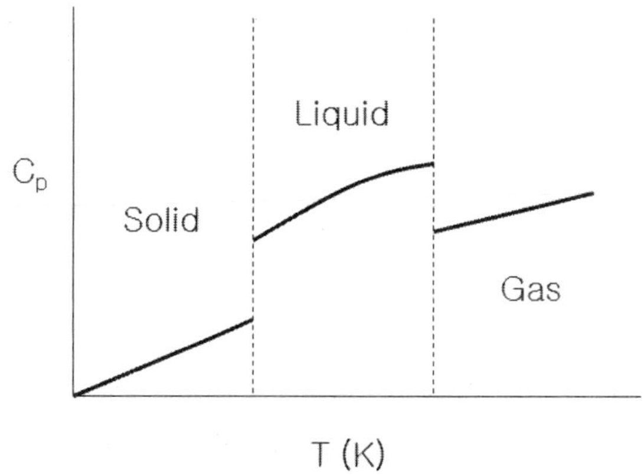

(Dependence of heat capacity Cp on temperature for solid, liquid, and gas of the same material with discontinuity at each phase-transition point)

• $\widehat{C}_p$ 에 대한 온도의 함수식

$$\widehat{C}_p = a + bT + cT^2 + dT^3 \qquad \text{또는}$$

$$\widehat{C}_p = a + bT + cT^{-2}$$

(3) 혼합물의 비열: $\widehat{C}_{p,m} = \sum_i y_i \widehat{C}_{p,i}$

$\widehat{C}_{p,m}$ = 혼합물의 비열

y_i= 각 성분의 몰분율 또는 질량분율

$\widehat{C}_{p,i}$ = 각 성분의 열용량

2) $\widehat{C}_p$ 값의 추정

(1) Kopp's Rule : 20℃에서 고체와 액체의 열용량 추정방법

Atomic Heat Capacities for Kopp's Rule

Elements	C_p (J/(gmol atom °C)	
	Solids	Liquids
C	7.5	12
H	9.6	18
B	11	20
Si	16	24
O	17	25
F	21	29
P	23	31
S	26	31
All Others	26	33

(Himmelblau DM, Basic Principles and Calculations in Chemical Engineering, 3rd Ed. Prentice-Hall, Englewood Cliffs, NJ 1974. p270)

(예) 고체 $Ca(OH)_2$의 비열값 추정

$$(C_p)_{Ca(OH)_2} = (C_p)_{Ca} + 2(C_p)_O + 2(C_p)_H = 26 + 2\times 17 + 2\times 9.6$$

$$= 79 \frac{J}{mol \cdot ℃}$$

(예) 액체 HNO_3 (nitric acid)의 비열값 추정

$$(C_p)_{HNO_3} = (C_p)_H + (C_p)_N + 3(C_p)_O = 18 + 33 + 3\times 25$$

$$= 126 \frac{J}{mol \cdot ℃}$$

(2) 유기용매의 열용량 추정방법 (25℃)

$C_p = kM^a$ C_p in cal/(g·°C), M = molecular weight

Compounds	k	a
Alcohols	0.85	-0.1
Acids	0.91	-0.152
Ketones	0.587	-0.0135
Esters	0.60	-0.0573
Hydrocarbons,aliphatic	0.873	-0.113

Coefficients for Heat Capacity

$$\widehat{C}_p\left(\frac{kJ}{mol \cdot ℃}\right) = a + bT(℃) + cT(℃)^2 + dT(℃)^3$$

Compound	분자식	Phase	Coefficients for $\hat{C}_p(T)$			
			ax10^3	bx10^5	cx10^8	dx10^{12}
Acetone	CH_3COCH_3	liquid	123	18.6	-	-
		gas	72.0	10.1	12.8	34.8
Ammonia	NH_3	gas	35.2	2.95	0.442	-6.69
Butane	C_4H_{10}	gas	92.3	27.9	-15.5	35.0
Carbon dioxide	CO_2	gas	36.1	4.23	-2.89	7.46
Carbon monooxide	CO	gas	29.0	0.411	0.355	-2.22
Ethane	C_2H_6	gas	49.4	13.9	-5.82	7.28
Ethanol	C_2H_5OH	liquid	131	-	-	-
		gas	61.3	15.7	-8.75	19.8
Hydrogen	H_2	gas	28.8	0.0077	0.329	-0.870
Methane	CH_4	gas	34.3	5.47	0.366	-11.0
Methanol	CH_3OH	liquid	75.9	16.8	-	-
		gas	42.9	8.30	-1.87	-8.03
Nitrogen	N_2	gas	29.0	0.220	0.572	-2.87
Oxygen	O_2	gas	29.1	1.16	-0.608	1.31
Propane	C_3H_8	gas	68.0	22.6	-13.1	31.7
Sulfuric acid	H_2SO_4	liquid	139	15.6	-	-
Toluene	C_7H_8	liquid	149	32.4	-	-
		gas	94.2	38.0	-27.9	80.3
Water	H_2O	liquid	75.4	-	-	-
		gas	33.5	0.688	0.760	-3.59

(예제)

Nitrogen기체가 150 K, 10 atm에서 1500 J/mol의 내부에너지를 가지고 있다고 하자. 이 N_2 기체의 엔탈피 (J/mol)를 계산하시오. N_2 기체는 이상기체라고 가정한다.

(풀이)

$$\hat{H} = \hat{U} + P\hat{V} = \hat{U} + RT = 1500\frac{J}{mol} + 8.314\frac{J}{mol \cdot K}150\,K = 2747.1\,J/mol$$

(예제) 가열과정의 에너지수지

Ethane과 propane 혼합물기체 (부피비 60%: 40%)가 100 mol/h의 속도로 흐르고 있다. 이 혼합물을 1 atm 50℃에서 3 atm 300℃로 가열하기 위해서 공급해주어야 할 열에너지의 값을 구하시오. 혼합물은 이상기체로 가정.

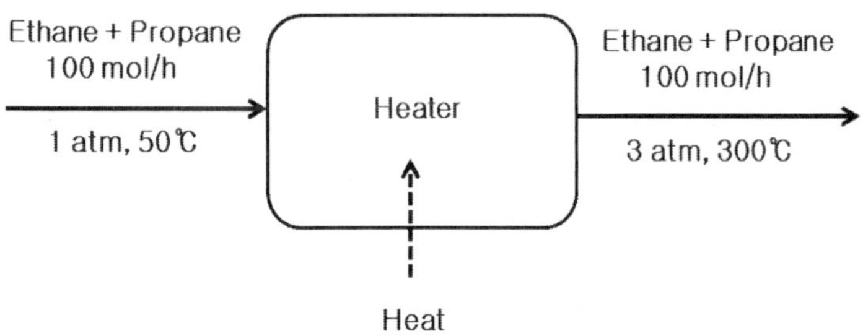

(풀이)

- 가상경로: ① 1 atm 50℃에서 1 atm 300℃로 등압 가열: $\Delta\hat{H}_1$

  ② 1 atm 300℃에서 3 atm 300℃로 등온 압축: $\Delta\hat{H}_2$

기체혼합물을 이상기체로 가정하면, 등온압축과정의 엔탈피 변화량 $\Delta\hat{H}_2 = 0$ 이다. 따라서

- 총 비 엔탈피 변화: $\Delta\widehat{H}_{total} = \Delta\widehat{H}_1 + \Delta\widehat{H}_2 = \int_{50℃}^{300℃} \widehat{C}_{p,m}\,dT + 0$
- 각 성분의 비열식

$$\widehat{C}_{p,ethane} = 49.4\times10^{-3} + 13.9\times10^{-5}T - 5.82\times10^{-8}T^2 + 7.28\times10^{-12}T^3$$

$$\widehat{C}_{p,propane} = 68.0\times10^{-3} + 22.6\times10^{-5}T - 13.1\times10^{-8}T^2 + 31.7\times10^{-12}T^3$$

- 혼합물의 비열식

$$\widehat{C}_{p,m} = 0.6\,\widehat{C}_{p,ethane} + 0.4\,\widehat{C}_{p,propane}$$

$$= 56.8\times10^{-3} + 17.4\times10^{-5}T - 8.74\times10^{-8}T^2 + 17.1\times10^{-12}T^3$$

$\widehat{C}_p$ 의 단위는 kJ/ (mol·℃), T의 단위는 ℃

$$\Delta\widehat{H}_{total} = \int_{50℃}^{300℃} \widehat{C}_{p,m}\,dT$$

$$= \int_{50℃}^{300℃} (56.8\times10^{-3} + 17.4\times10^{-5}T - 8.74\times10^{-8}T^2 + 17.1\times10^{-12}T^3)\,dT$$

$$\approx 21.1\,kJ/mol$$

$$\Delta H_{total} = \dot{n}\,\Delta\widehat{H}_{total} = \frac{100\,mol}{h}\,\frac{1\,h}{3{,}600\,s}\,\frac{21.1\,kJ}{mol} = 0.586\,kJ/s$$

8.4 상변화에 따른 엔탈피 변화

1) 상변화와 잠열 (Latent Heat)

● 현열 (Sensible Heat): 계의 온도가 증가하거나 감소하는 동안 계와 외부 사이에 전달된 열에너지. 계 내부의 물질은 상전이 (phase transition)를 일으키지 않고 가열 혹은 냉각되고 있다는 것을 나타낸다.

● 잠열 (Latent Heat): 계의 온도가 변화하지 않는 동안 계와 외부 사이에 전달된 열에너지. 온도와 압력이 일정한 조건에서 계 내부의 물질의 상 (phase)전이가 일어나고 있는 것을 나타낸다.

● 세 종류의 잠열 (Latent Heat)

(1) 용융열 (Heat of Fusion, $\Delta \hat{H}_m$)

: 고체에서 액체로 녹기 위해서 필요한 엔탈피 값.

(2) 증발열 (Heat of Vaporization, $\Delta \hat{H}_v$)

: 액체에서 기체로 기화하기 위해서 필요한 엔탈피 값.

(3) 승화열 (Heat of Sublimation, $\Delta \hat{H}_s$)

: 고체에서 기체로 기화하기 위해서 필요한 엔탈피 값.

2) 잠열의 추정방법

(1) 용융열 (Heat of fusion, $\Delta \hat{H}_m$) 추정식

$$\Delta \hat{H}_m \approx \alpha\, T_m\,(K) \qquad \alpha = 0.0092 \text{ (metallic elements)}$$

$\alpha = 0.0025$ (inorganic compounds)

$\alpha = 0.050$ (organic compounds)

(2) 증발열 (Heat of vaporization, $\Delta\hat{H}_v$) 추정식

- Clausius-Clapeyron식

$$\ln P^* = -\frac{\Delta\hat{H}_v}{RT(K)} + B \quad , P^* = \text{온도 T (K)에서 포화증기압}$$

- Trouton식 　T_b = 1 atm에서 정상끓는온도 (normal boiling point)

$$\Delta\hat{H}_v(kJ/mol) \approx \beta T_b(K)$$

$\beta = 0.088$ (비극성 액체)

$\beta = 0.109$ (물, 저분자량의 알코올)

- Chen식

$$\Delta\hat{H}_v(kJ/mol) = \frac{T_b[0.0331(T_b/T_c) - 0.0327 + 0.0297\log_{10}P_c]}{1.07 - (T_b/T_c)}$$

T_b (K) = 끓는 온도, T_c (K) = 임계온도, P_c (atm) = 임계압력

- Watson식: 온도와 증발열과의 관계식

$$\Delta\hat{H}_v(T_2) = \Delta\hat{H}_v(T_1)\left(\frac{T_c - T_2}{T_c - T_1}\right)^{0.38}$$

(예제) 증발열 추정

n-Octane의 200℃에서 증발열 ($\Delta\widehat{H}_v$, kJ/mol)을 Trouton식과 Watson식을 사용해서 구하시오.

T_b (1 atm) = 125.5℃ T_c (K) =295.8℃

(풀이)

● n-Octane은 비극성 액체이므로

Trouton식: $\Delta\widehat{H}_v = 0.088 \times T_{bp} = 0.088\,(125.5+273)K = 35.07\,kJ/mol$

● Watson's correlation

$$\Delta\widehat{H}_v\,(200℃) = \Delta\widehat{H}_v(T_1)\,(\frac{T_c - T_2}{T_c - T_1})^{0.38} = 35.07(\frac{295.8-200}{295.8-125.5})^{0.38}$$

= 28.2 kJ/mol

(예제) 증발열 추정

Toluene의 정상끓는온도 (normal boiling point, 110.62℃)에서의 증발열 (heat of vaporization, kJ/mol)을 ① Trouton식과 ② Chen식을 사용해서 구하시오. Toluene의 정상끓는점에서의 증발열이 33.47 kJ/mol이라고 할 때 200℃에서 증발열을 ③ Watson식과 ④ 가상경로를 사용해서 계산하시오.

T_c (K) = 593.9K, P_c (atm) = 40.3

(풀이)

① Toluene은 비극성 액체이므로

Trouton식: $\Delta \hat{H}_v = 0.088 \times T_{bp} = 0.088\,(110.62 + 273)K = 33.8\,kJ/mol$

② Chen식

$$\Delta \hat{H}_v\,(kJ/mol) = \frac{T_b[0.0331\,(T_b/T_c) - 0.0327 + 0.0297\log_{10}P_c]}{1.07 - (T_b/T_c)}$$

$$= \frac{383.62\,(0.0331\,(\frac{383.62}{593.9}) - 0.0327 + 0.0297\log_{10}40.3)}{1.07 - 383.62/593.9} = 32.89\ \text{kJ/mol}$$

③ Watson식

$$\Delta \hat{H}_v\,(200℃) = \Delta \hat{H}_v(T_1)\,(\frac{T_c - T_2}{T_c - T_1})^{0.38} = 33.47(\frac{593.9 - 473}{593.9 - 383.62})^{0.38}$$

$$= 27.1\ \text{kJ/mol}$$

④ 가상경로

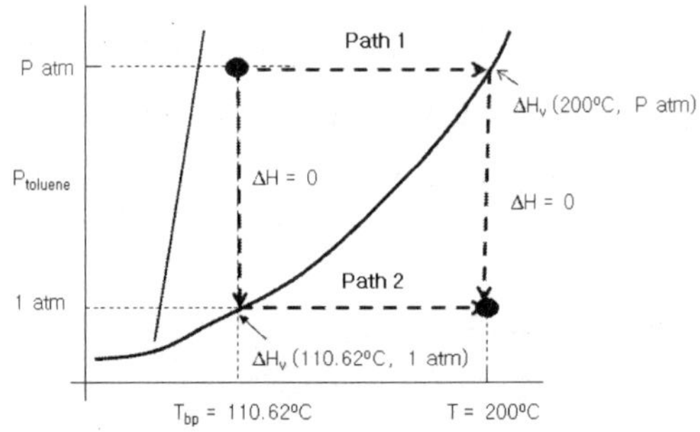

● Path 1: Toluene (l) (110.62℃) → Toluene (l) (200℃) → Toluene (g) (200℃)

$$\int_{110.62}^{200} \widehat{C_p}(l)\,dT = \int_{110.62}^{200} (149\times 10^{-3} + 32.4\times 10^{-5}\,T(℃))dT = 17.8\,kJ/mol$$

$$\widehat{H}_1 = \Delta \widehat{H}_v(200℃) + \int_{110.62}^{200} \widehat{C_p}(l)\,dT = \Delta \widehat{H}_v(200℃) + 17.80$$

- Path 2: Toluene (l) (110.62℃) → Toluene (g) (110.62℃) → Toluene (g) (200℃)

$$\int_{110.62}^{200} \widehat{C_p}(g)\,dT =$$

$$\int_{110.62}^{200} 94.2\times 10^{-3} + 38.0\times 10^{-5}\,T(℃) - 27.9\times 10^{-8}\,T(℃)^2 + 80.3\times 10^{-12}\,T(℃)^3\,dT$$

= 13.72 kJ/mol

$$\widehat{H}_2 = \Delta \widehat{H}_v(110.62℃) + \int_{110.62}^{200} \widehat{C_p}(g)\,dT = 33.47 + 13.72 = 47.19 \text{ kJ/mol}$$

- 열역학 cycle에서 $\widehat{H}_1 = \widehat{H}_2$ 이므로

$$\Delta \widehat{H}_v(200℃) = 47.19 - 17.80 = 29.39\,kJ/mol$$

(예제) 가상경로

액체 methanol이 20℃, 2 atm에서 200℃, 2 atm 기체로 기화된다. 기화속도는 10 mole/s이다.

① methanol의 간단한 상도표를 그리고 상도표 위에 기화과정을 나타내는 가상경로를 표시하시오.

② 각 단위 가상경로 별 비엔탈피 ($\Delta\hat{H}$) 변화 값 (kJ/mol)을 계산하고 기화과정에 필요한 열에너지 (Q) 값 (kJ/s)을 구하시오.

For methanol, T_b = 64.5℃ at 1 atm, $\Delta\widehat{H}_v(T_b)$ = 35.3 kJ/mol

(풀이)

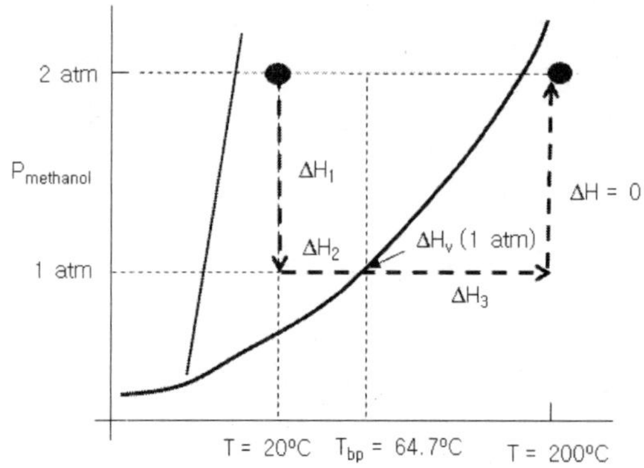

가상경로

methanol (liquid, 2 atm, 20℃)

↓등온 팽창, $\Delta\widehat{H}_1$

methanol (liquid, 1 atm, 20℃)

↓등압 가열, $\Delta\widehat{H}_2$

methanol (liquid, 1 atm, 64.7℃)

↓기화, $\Delta\widehat{H}_v$

methanol (vapor, 1 atm, 64.7℃)

↓등압 가열, $\Delta\widehat{H}_3$

methanol (vapor, 1 atm, 200℃)

↓등온 압축, $\Delta\widehat{H} = 0$

methanol (vapor, 2 atm, 200℃)

$$\Delta\widehat{H}_1 = \hat{V}dP = \frac{1\,L}{0.792\,kg}\frac{1\,m^3}{1000\,L}\frac{0.074\,kg}{1\,mol}(1-2)atm\frac{1.013\times10^5\,N}{1\,atm\cdot m^2}\frac{1\,J}{N\cdot m} = -9.5\,J/mol$$

$$\Delta\widehat{H}_2 = \int_{20℃}^{64.7℃}\widehat{C}_{p,l}\,dT$$

$$= \int_{20}^{64.7}(75.9\times10^{-3} + 16.8\times10^{-5}T)dT = 3.71\,kJ/mol$$

$$\Delta\widehat{H}_3 = \int_{64.7℃}^{200℃}\widehat{C}_{p,v}\,dT$$

$$= \int_{64.7}^{200}(42.9\times10^{-3} + 8.3\times10^{-5}T - 1.87\times10^{-8}T^2 - 8.03\times10^{-12}T^3)dT = 7.24\,kJ/mol$$

$$\dot{Q} = \dot{n}\sum\widehat{H}_i = 10\frac{mol}{s}(-0.0095 + 3.71 + 35.27 + 7.24) \approx 460\,kJ/s\,(kW)$$

※ 액체 methanol의 등온 팽창과정의 엔탈피 변화 값 ($\Delta\widehat{H}_1$)이 다른 엔탈피 변화 값보다 무시할 수 있을 정도로 매우 작다.

$\Delta\widehat{H}_1\,(-0.0095\,kJ/mol) \ll \Delta\widehat{H}_2\,(3.71\,kJ/mol)$,

$\Delta\widehat{H}_3\,(7.24\,kJ/mol) < \Delta\widehat{H}_v(T_b)$ (35.27 kJ/mol)

(예제)

Ethanol (E) 50 mol%와 methanol (M) 50 mol% 혼합 액체가 1 mol/s의 속도로 10℃에서 증발기로 유입되어 일부분이 증발된다. 증발기의 윗부분에서는 methanol 70 mol% 증기가 50℃, 50 mmHg에서 유출되며, 증발기의 아래에서는 methanol 30 mol%의 액체가 50℃에서 유출된다. 이 증발기에 공급되어야 할 열에너지를 kW 단위로 구하시오.

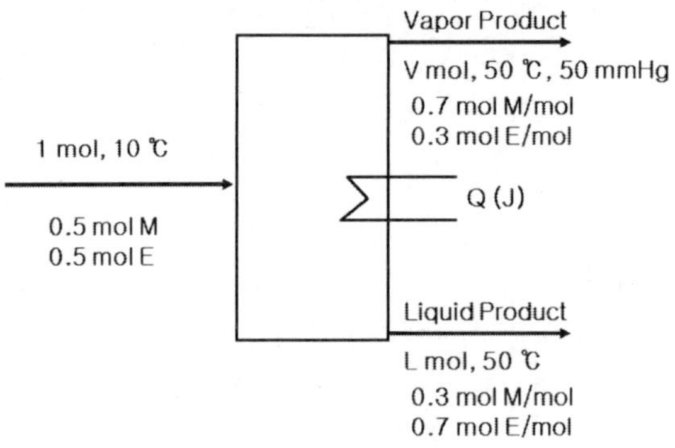

각 물질의 1 atm에서 끓는점 (T_b), 증발열 ($\Delta \hat{H}_v(T_b)$) 및 열용량 함수 ($\hat{C}_p(T)$)의 계수 값은 다음 표와 같다.

For methanol, T_b = 64.5℃ at 1 atm, $\Delta \hat{H}_v(T_b)$ = 35.3 kJ/mol

For ethanol, T_b = 78.3℃ at 1 atm, $\Delta \hat{H}_v(T_b)$ = 38.6 kJ/mol

(풀이)

계산기준: 1 mol 혼합물/s

① 물질수지 계산

전체질량수지: 1.0 = V + L

Methanol수지: 0.5 = 0.7 V + 0.3 L

위의 두 식을 풀이하면: V = 0.5 mol/s, L = 0.5 mol/s

② 에너지수지 계산

유입흐름과 유출흐름사이의 운동에너지변화와 위치에너지 변화를 무시하고 ($\Delta \dot{E}_k = 0$, $\Delta \dot{E}_p = 0$), 교반기가 없으므로 ($\dot{W}_s = 0$) 에너지 수지식은 다음과 같이 가장 간단하다.

$$\Delta \dot{E}_k + \Delta \dot{E}_p + \Delta \dot{H} = \dot{Q} + \dot{W}_s \rightarrow \Delta \dot{H} = \dot{Q}$$

$$\Delta \dot{H} = \sum_{outlets} n_i \hat{H}_i - \sum_{inlets} n_i \hat{H}_i = \dot{Q}$$

Enthalpy 표

Compound		Input		Output	
		n_i (mol)	$\hat{H}_i$	n_i (mol)	$\hat{H}_i$
Liquid	M	0.5	0	0.15	$\hat{H}_1$
	E	0.5	0	0.35	$\hat{H}_2$
Vapor	M	-	-	0.35	$\hat{H}_3$
	E	-	-	0.15	$\hat{H}_4$

Enthalpy 값 계산의 기준물질은 10℃의 액체 ethanol과 액체 methanol이다.

- $\hat{H}_1$: 액체 methanol의 10℃와 50℃에서 엔탈피 값의 차이

$$\hat{H}_1 = \int_{10℃}^{50℃} (C_p)_M dT = \int_{10℃}^{50℃} (0.0759 + 16.8 \times 10^{-5} T) dT$$

$$= 0.0759T + 16.8 \times 10^{-5} \times \frac{1}{2} T^2 \Big|_{10℃}^{50℃} = 3.23 \text{ kJ/mol}$$

- $\hat{H}_2$: 액체 ethanol의 10℃와 50℃에서 엔탈피 값의 차이

$$\hat{H}_2 = \int_{10℃}^{50℃} (C_p)_E dT = 0.131 \text{ x } (50\text{-}10) = 5.24 \text{ kJ/mol}$$

- $\hat{H}_3$: 10℃ methanol액체와 50℃ methanol 기체의 엔탈피 값의 차이

가상경로: 액체 methanol의 정상끓는점 (64.5℃)까지 가열 → 정상끓는점에서 액체 methanol의 기화 → 기체 methanol의 정상끓는점에서 최종 온도까지의 냉각 등 3단계

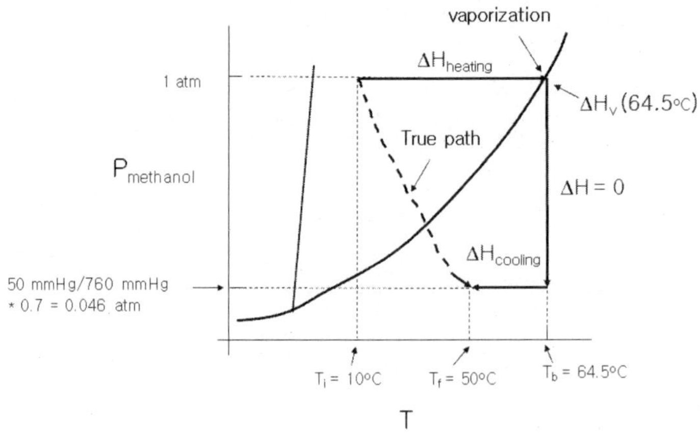

Phase diagram of methanol

$$\hat{H}_3 = \Delta\hat{H}(liquid, 10℃ \rightarrow liquid,\ T_b) + \Delta\hat{H}_v(T_b) + \Delta\hat{H}\,(gas,\ T_b \rightarrow gas, 50℃\,)$$

$$= \int_{10℃}^{64.5℃} (\hat{C}_{p,l})_M dT + \Delta\hat{H}_v + \int_{64.5℃}^{50℃} (\hat{C}_{p,g})_M dT$$

= (4.48 + 35.3 - 0.691) kJ/mol = 39.5 kJ/mol

- $\hat{H}_4$: 10℃ ethanol액체와 50℃ ethanol 기체의 엔탈피 값의 차이

가상경로: 액체 ethanol의 정상끓는점 (78.3℃)까지 가열 → 정상끓는점에서 액체 ethanol의 기화 → 기체 ethanol의 정상끓는점에서 최종 온도까지의 냉각 등 3단계.

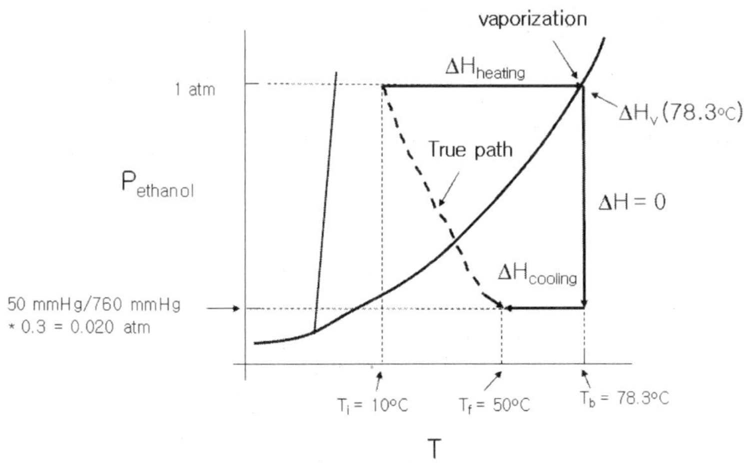

Phase diagram of ethanol

$$\hat{H}_4 = \Delta\hat{H}(liquid, 10℃ \rightarrow liquid,\ T_b) + \Delta\widehat{H}_v(T_b) + \Delta\hat{H}\,(gas,\ T_b \rightarrow gas, 50℃\,)$$

$$= \int_{10℃}^{78.3℃} (\hat{C}_{p,l})_E dT + \Delta\hat{H}_v + \int_{78.3℃}^{50℃} (\hat{C}_{p,g})_E dT$$

= (8.95 + 38.6 - 2.01) kJ/mol = 45.5 kJ/mol

● 총 에너지수지

$$\dot{Q} = \Delta\dot{H} = \sum_{outlets} n_i\hat{H}_i \ - \sum_{inlets} n_i\hat{H}_i$$

= (0.15x3.23 + 0.35x5.24 + 0.35x39.5 + 0.15x45.5) kJ/s - 0

= 23.0 kJ/s (kW)

8.5 공기 (Air)-H_2O 혼합계

1) 습도 도표 (Humidity Chart)

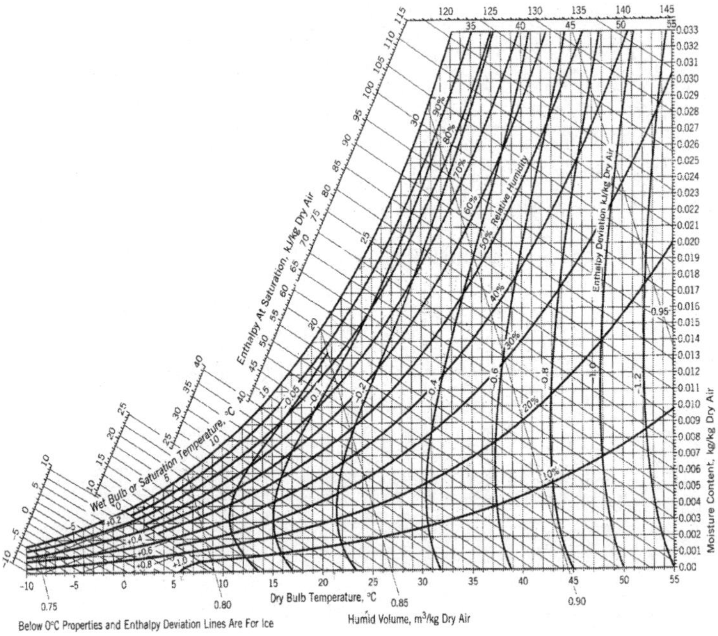

Humidity Chart for Air-H_2O Mixture (Elementary Principles of Chemical Processes" by R.M. Felder and R.W. Rousseau, 2005, John Wiley & Sons, Inc.)

엔탈피 값의 기준: H_2O (liquid, 0℃, 1 atm), Dry air (0°F, 1 atm)

(1) 습도 도표를 읽는 방법

- x-축: 건구온도 (dry-bulb temperature, T_{db})이며 일반적인 온도
- 오른쪽 y-축: 절대습도 (h_a) (kg H_2O (v)/kg DA)
- 오른쪽으로 상승하는 여러 포물선: 일정한 %상대습도 선

  상대습도 hr = $[P_{H2O}/P^*_{H2O}]$ x 100%

  P^*_{H2O} = H_2O의 포화증기압

P_{H2O} = 공기 중의 H_2O의 분압

● 왼쪽으로 상승하는 평행한 직선: 습구온도선 (wet-bulb temperature line)· 습구온도선 끝부분 직선 값: 포화된 공기의 엔탈피 값 (kJ/kg DA)

● 왼쪽으로 급상승하는 직선: 습용 (humid volume, V_H) 선

V_H = m^3 total air/kg DA

※ DA: 수분을 제외한 건조공기 (Dry Air)

(2) 습구온도선 (Wet bulb temperature line)의 식

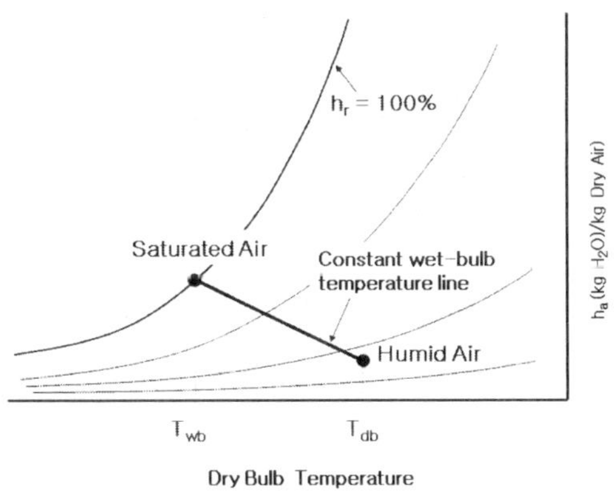

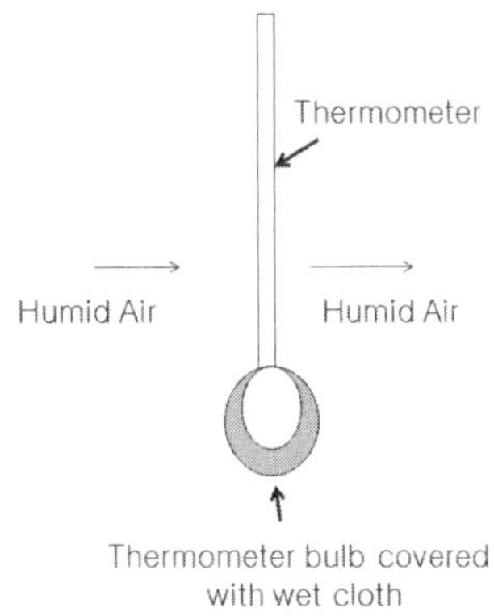

습구 온도선의 식: $\dfrac{h_a(T_{wb}) - h_a(T)}{T_{wb} - T} = -\dfrac{h_y}{k_y \Delta \hat{H}_{v,H_2O}(T_{wb})} \approx$ 일정

h_y = 열에너지 전달계수, k_y = H_2O (v) 물질전달계수

2) 단열냉각선 (Heating Curve)

단열냉각공정: 단열된 상태에서 따뜻한 공기와 찬 물을 접촉시켜서 공기의 습도가 증가하고 온도는 냉각되도록 하는 공정

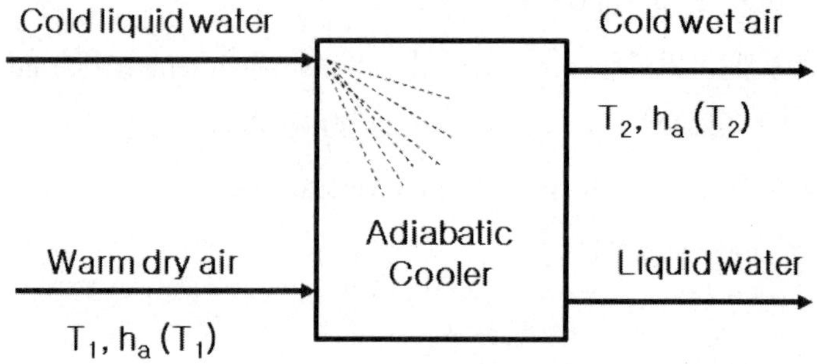

단열냉각 식: 입력흐름 과 출력흐름 사이의 습도와 온도 관계식

$$\frac{h_a(T_2) - h_a(T_1)}{T_2 - T_1} = -\frac{\hat{C}_{p,\,air}}{\Delta\hat{H}_{v,\,H_2O}(T_2)}$$

$h_y/k_y = \hat{C}_{p,air}$ 이며, 단열냉각 식과 습구온도선의 기울기는 거의 같다.

$$\frac{h_a(T_2) - h_a(T_1)}{T_2 - T_1} = -\frac{\hat{C}_{p,\,air}}{\Delta\hat{H}_{v,\,H_2O}(T_2)} \approx -\frac{h_y}{k_y\,\Delta\hat{H}_{v,\,H_2O}(T_2)}$$

(예제) 습도표 이용 연습

현재의 온도 (건구온도)가 25℃이고 상대습도가 40%일 때 이 공기의 다음 값들을 구하시오. 습구온도, 이슬점, 절대습도 (kg water/kg DA), 비엔탈피 (kJ/kg DA), 습용 (m^3 of humid air/kg DA).

(풀이)

① 습구온도, 이슬점, 절대습도

● 현재 공기의 위치 (점 A)

습도 도표 상에서 현재공기의 위치를 찾는다. x-축 건구온도가 25℃인 수직선이 상대습도 40% 곡선과 만나는 점 A가 현재공기의 습도 도표 상에서 위치이다.

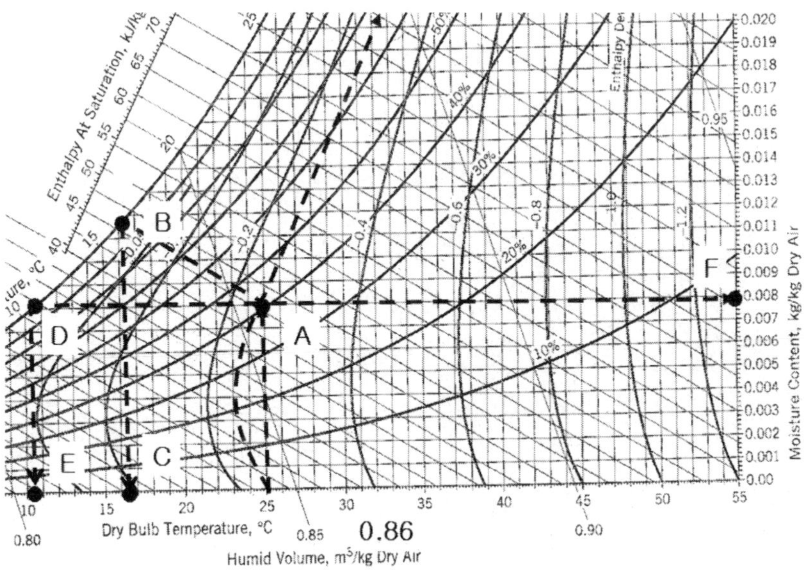

• 습구온도 (점 C)

점 A에서 기울기가 음인 습구온도선과 평행한 선이 100% 상대습도 곡선 (습도표에서 가장 위 곡선)과 만나는 점 B를 정한다. 점 B를 지나는 수직선이 x-축 과 만나는 점 C의 온도가 습구온도이며 여기에서는 약 16.3℃가 습구온도이다.

• 이슬점 (점 E)

이슬점은 현재 공기의 온도를 낮추었을 경우 포화습도가 100%가 되는 온도이며, 이슬점에서 수분이 처음으로 응축되기 시작한다. 현재 공기를 나타내는 점 A에서 왼쪽으로 수평선을 긋고 이 수평선과 100% 상대습도 곡선이 만나는 점 D가 이슬점이다. 이슬점의 값은 점 D에서의 수직선이 x-축과 만나는 점 E의 약 10.5℃이다.

• 절대습도 (kg water/kg DA, 점 F)

현재공기의 위치를 나타내는 점 A를 지나는 수평선이 습도표 오른쪽 y-축과 만나는 지점 F의 y-축 값이 절대습도이다. 현재공기의 절대습도는 0.008 kg H_2O/kg DA이다.

② 비엔탈피와 습용

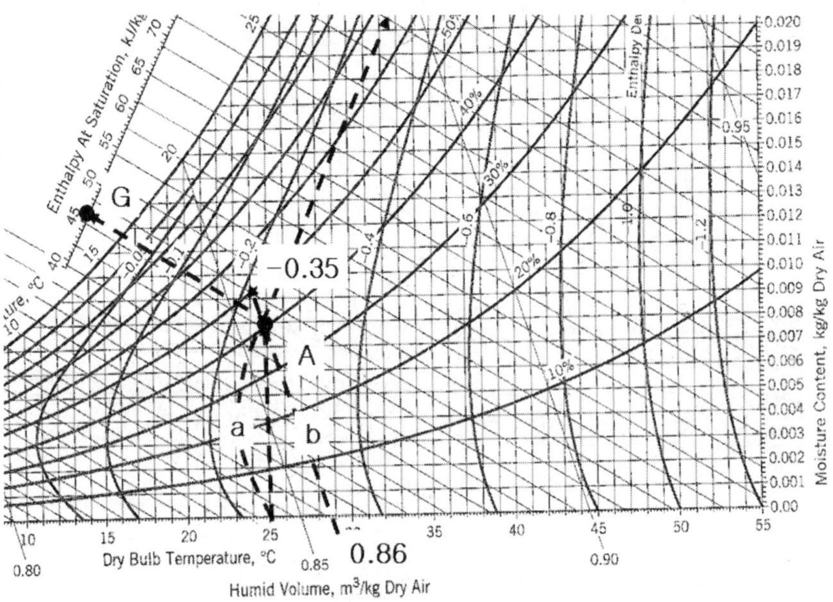

● 비엔탈피 (Specific Enthalpy, kJ/kg DA)

공기 중 수분을 제외한 건조공기 1 kg기준 현재 공기의 엔탈피를 비엔탈피라고 한다. 이 예제의 경우, 점 A를 지나는 습구온도선이 습도표의 가장 위쪽 엔탈피직선과 만나는 점 G의 값 (약 46 kJ/kg DA)이 포화공기의 엔탈피이다. 실제공기의 엔탈피는 포화공기의 엔탈피 값에서 점 A를 지나는 엔탈피편차선 (점선 a)의 값을 더해주어야 한다 (여기에서는 약 -0.35 kJ/kg DA). 최종적으로 현재 공기의 비엔탈피 값은 46-0.35 = 45.65 kJ/kg DA이다.

※ 이 예제에서 공기 (humid air) 1 kg의 엔탈피 계산

$$\frac{45.65\,kJ}{1\,kg\,DA}\frac{1\,kg\,DA}{1\,kg\,DA+0.08\,kg\,H_2O}=42.27\,kJ/kg\ Humid\,Air$$

● 습용 (Humid Volume, m^3 of humid air/kg DA)

비용적은 건조공기 1 kg기준 공기의 부피를 나타낸다. 습도표에서 점 A를 지나는 가상의 습용선 (점선 b)의 값을 추정한다. 여기에서는 약 0.86 m^3/kg DA가 이 공기의 습용이다.

※ 이 예제에서 공기 (Humid Air) 1 kg의 부피 계산:

$$\frac{0.86\,m^3}{1\,kg\,DA}\frac{1\,kg\,DA}{1\,kg\,DA+0.08\,kg\,H_2O}=0.80\,m^3/kg\ Humid\,Air$$

(예제) 습도표 이용연습

공기의 건구온도가 35℃이고 습구온도가 25℃이다.

① 이 공기의 상대습도와 절대습도를 구하시오.

② 100 L flask안에 들어 있는 이 공기의 전체엔탈피 값 (kJ)을 구하시오.

(풀이)

①

● 습도표에서 습구온도 25℃에서 수직선을 그어서 가장 위의 포화곡선과 만나는 점을 A라고 한다.

● 점 A에서 습구선을 따라서 하향하는 직선을 그리고 그 직선이 건구온도 (35℃)에서의 수직선을 만나는 점 B가 현재 공기의 습도표 상에서의 위치이다.

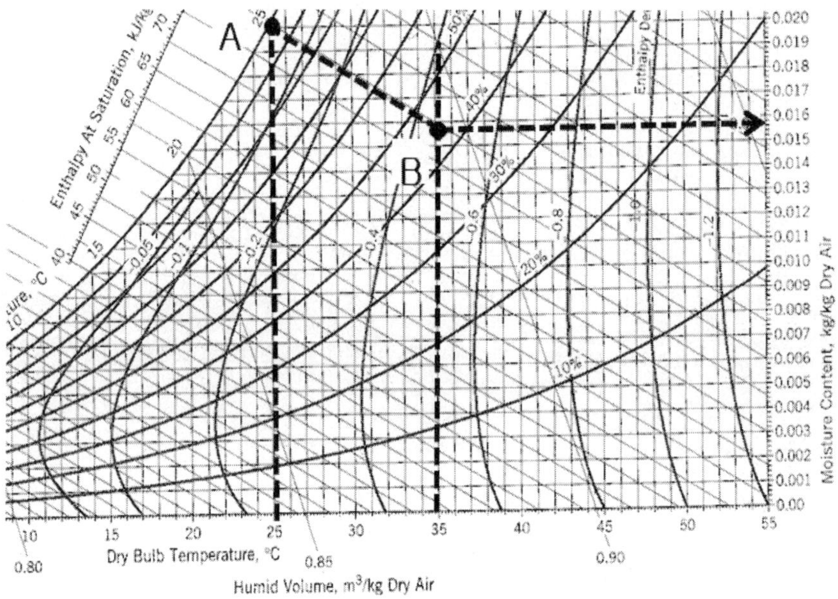

절대습도는 B점의 y축 값: h_a = 0.0158 kg H_2O/kg DA

상대습도 = 45%

② Humid volume = 0.89 m^3/kg DA

$$\hat{H} = 76.5 - 0.55 = 75.95\, kJ/kg\, DA$$

100 L flask안에 있는 공기의 엔탈피: $\frac{100\,L}{} \frac{1\,m^3}{1000\,L} \frac{1\,kg\,DA}{0.89\,m^3} \frac{75.95\,kJ}{kg\,DA} = 8.534\,kJ$

(예제) 단열냉각공정

건구온도가 50℃이고 이슬점 (dew point)이 1℃인 공기가 펄프의 건조를 위해서 사용된다. 건조기로의 공기 도입속도는 10 m^3/min이며 공건조기로부터 공기는 포화되어서 유출된다. 이 펄프건조 공정이 단열공정으로 운전될 경우 다음 항목들을 계산하시오.

① 건조기로 도입되는 공기의 상대습도, 절대습도, 습용 (humid volume)
② 건조기로부터 유출되는 공기의 온도와 절대습도
③ 건조기 내에서 펄프로부터 증발되는 수분의 증발속도

(풀이)

① 이슬점 (T_{dp} =1℃)에서 시작한 수직선이 상대습도 100%인 포화곡선과 만나는 점에서 수평선을 그린다. 이 수평선과 건구온도 (T_{db} = 50℃)에서 시작한 수직선이 만나는 지점이 도입공기 (inlet air)의 위치이다. 이점을 기준으로,

상대습도 = 6%
절대습도 = 0.004 kg H_2O/kg DA
습용 = 0.92 m^3/kg DA

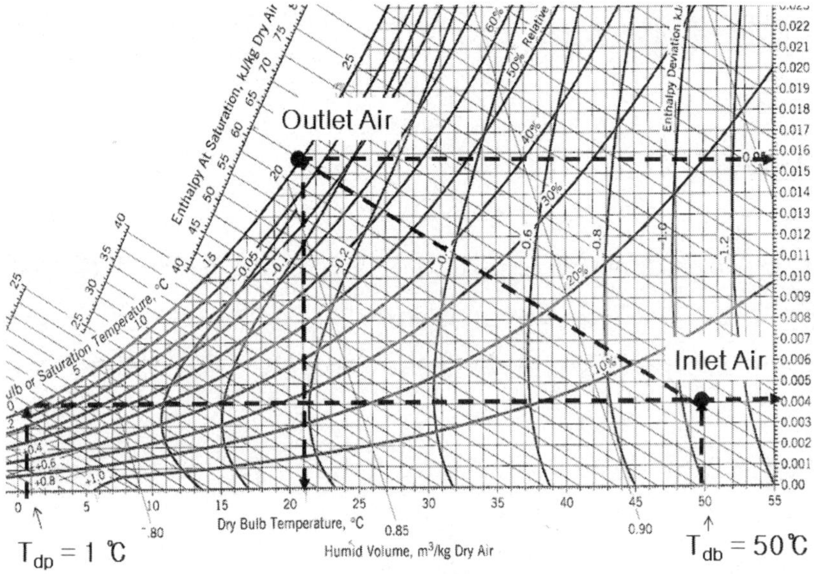

② 건조기로부터 유출되는 공기 (outlet air)는 포화공기이므로 상대습도가 100%이다. 습도표에서 도입공기의 위치에서 습구온도선을 따라서 포화습도가 100%가 되는 지점까지 다다르면 유출공기의 위치가 된다.

유출공기의 온도 = 21℃

유출공기의 절대습도 = 0.0156 kg H_2O/kg DA

③ 수분의 증발속도는 유출공기와 도입공기의 수분함유량의 차이로부터 다음과 같이 계산한다.

$$\text{도입공기의 건조공기무게} = \frac{10\,m^3}{\min}\frac{1\,kg\,DA}{0.92\,m^3} = 10.9\,kg\,DA/\min$$

$$\text{수분의 증발속도} = \frac{10.9\,kg\,DA}{\min}\frac{(0.0156-0.004)\,kg\,H_2O}{kg\,DA} = 0.126\,kg\,H_2O/\min$$

(예제) Air conditioner

Air conditioner를 이용해서 습한 공기 (30℃, 90% 상대습도)를 15℃의 포화공기 (100% 상대습도)로 전환한다. 습한 공기의 유입속도는 1000 m^3/h이다.

① 유입공기와 유출공기의 절대습도 (kg H_2O (v)/kg DA)를 구하시오.
② Air conditioner에서 응축되는 물의 양 (kg/h)을 구하시오.
③ 유입공기와 유출공기의 비엔탈피 (kJ/kg DA)를 구하시오.
④ 응축된 물의 비엔탈피 (kJ/kg)를 습도표와 동일한 엔탈피 기준점을 이용해서 구하시오. H_2O (liquid)의 비열: 0.0754 kJ/(mol·℃)
⑤ Air conditioner로부터 제거되어야하는 열에너지의 양 (kJ/h)을 구하시오.

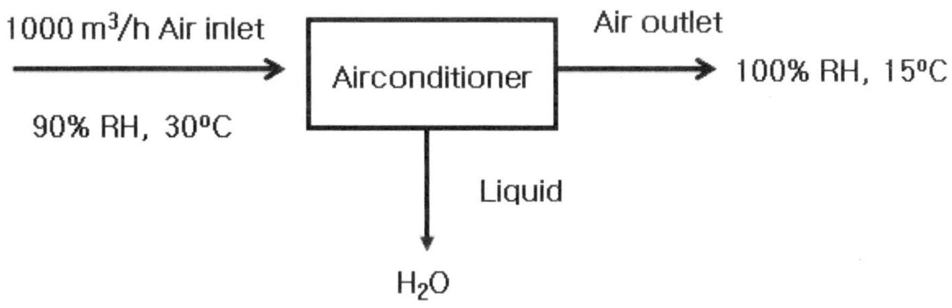

(풀이)

① h_a (inlet) = 0.0246 kg H_2O/kg DA (dry air)
h_a (outlet) = 0.0107 kg H_2O/kg DA (dry air)

② ● 유입공기의 습용 = 0.89 m^3/kg DA
● 응축되는 물의 양:

$$m_{H_2O} = \frac{1000\,m^3}{h}\frac{1\,kg\,DA}{0.89\,m^3}(0.0246 - 0.0107)\frac{kg\,H_2O\,(v)}{kg\,DA} = 14.6\,kg/h$$

③ 습도표로부터,

$$\hat{H}_{inlet} = 93 - 0.08 = 92.9\,kJ/kg\,DA \qquad \hat{H}_{outlet} = 43\,kJ/kg\,DA$$

④ $\hat{H}(l, 15℃) = 0.0754\dfrac{kJ}{mol \cdot ℃} \times (15 - 0)℃ \times \dfrac{1\,mol}{0.018\,kg} = 62.8\,kJ/kg$

⑤ $\dot{Q} = \Delta\dot{H} = \dfrac{1000\,m^3}{h}\dfrac{1\,kg\,DA}{0.89\,m^3}\dfrac{(43-92.9)\,kJ}{kg\,DA} + \dfrac{14.6\,kg\,H_2O}{h}\dfrac{62.8\,kJ}{kg\,H_2O}$

= - 55150 kJ/h

8.6 혼합엔탈피 (Heat of Mixing and Solution)

1) 혼합

(1) 혼합엔탈피 ($\Delta \hat{H}_{mixing}$)

: 온도가 일정할 때 혼합용액의 엔탈피와 혼합하기 전 각 순수물질의 엔탈피의 단순 합과의 차이

$$\Delta \hat{H}_{mixing}(T) = \hat{H}_{mixture}(T) - \sum_i x_i \hat{H}_{i,\,pure}(T)$$

x_i = 몰분율 또는 질량분율

(2) 혼합의 종류

- 발열혼합 (Exothermic mixing): 황산 (H_2SO_4)이나 염산 (HCl)과 같은 강산 또는 NaOH 같은 강염기 물질과 물 (H_2O)의 혼합

$$\hat{H}_{mixture}(T) < \sum_i x_i \hat{H}_{i,\,pure}(T) \qquad \Delta \hat{H}_{mixing}(T) < 0$$

- 흡열혼합 (Endothermic mixing): 물 (H_2O) 과 에탄올의 혼합

$$\hat{H}_{mixture}(T) > \sum_i x_i \hat{H}_{i,\,pure}(T) \qquad \Delta \hat{H}_{mixing}(T) > 0$$

- 이상기체 (ideal gases)의 혼합

$$\hat{H}_{mixture}(T) = \sum_i x_i \hat{H}_{i,\,pure}(T) \qquad \Delta \hat{H}_{mixing}(T) = 0$$

● 이상적인 혼합물 (ideal mixture): Hexane과 heptane 또는 toluene과 benzene등 구조가 비슷한 액체의 혼합

$$\hat{H}_{mixture}(T) = \sum_i x_i \hat{H}_{i,\,pure}(T) \qquad\qquad \Delta\hat{H}_{mixing}(T) = 0$$

(3) 용액열 (Heat of Solution, $\Delta\hat{H}_s(T,r)$)

일정한 온도에서 용질 1 mol과 용매 r mol 혼합용액의 총엔탈피와 혼합되지 않은 용질 1 mol의 엔탈피와 용매 r mol의 엔탈피 합과의 차이

$$\Delta\hat{H}_s(T,r) = H_{solution}(T) - [\hat{H}_{solute}(T) + r\hat{H}_{H_2O}(T)]$$

$H_{solution}(T) =$ 1 mol 용질과 r mol 용매 혼합용액의 엔탈피

이상 용액의 경우 용액열 값은 0이다. 또한 용액열의 절대 값은 용질과 용매의 혼합비 (r)에 따라서 달라지며 다음과 같이 r → ∞ 이면 한계 값에 접근한다.

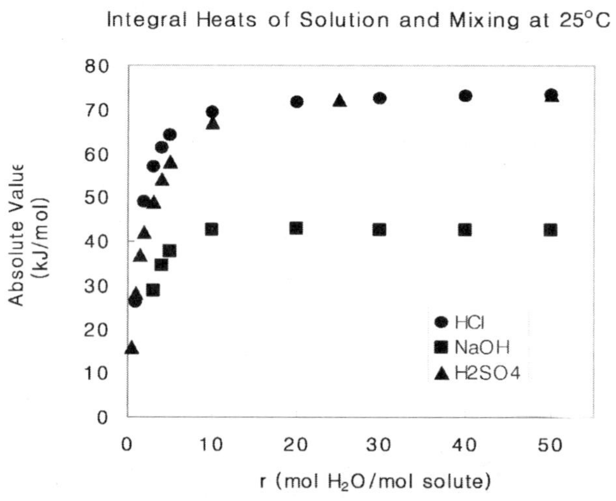

Integral heat of solution of strong acids and a base

2) 이성분계 혼합액체의 엔탈피-농도 도표

용액열을 고려한 이성분계 혼합용액의 비엔탈피 (specific enthalpy)를 여러 온도에서 농도의 함수로 나타낸 도표.

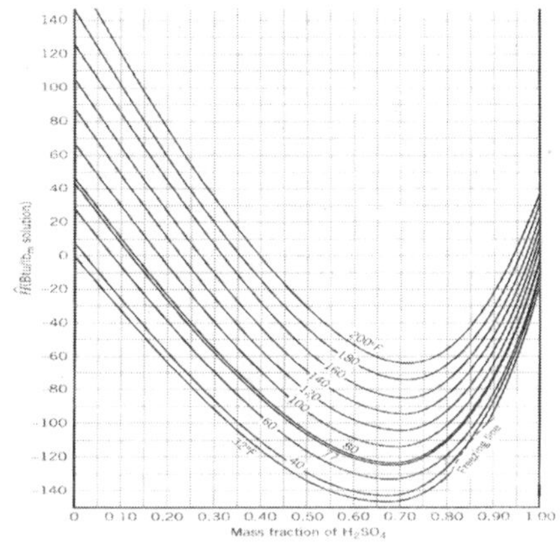

Enthalpy-Concentration Chart for H_2SO_4-H_2O (Ross WD, Chem. Eng. Progr. 43: 314, 1952) 엔탈피 기준점: 순수한 액체 H_2SO_4 (77°F)와 액체 H_2O (32°F)

● 두 액체혼합물의 단열 혼합공정에서 생성물의 엔탈피 ($\widehat{H}_3$) 구하기

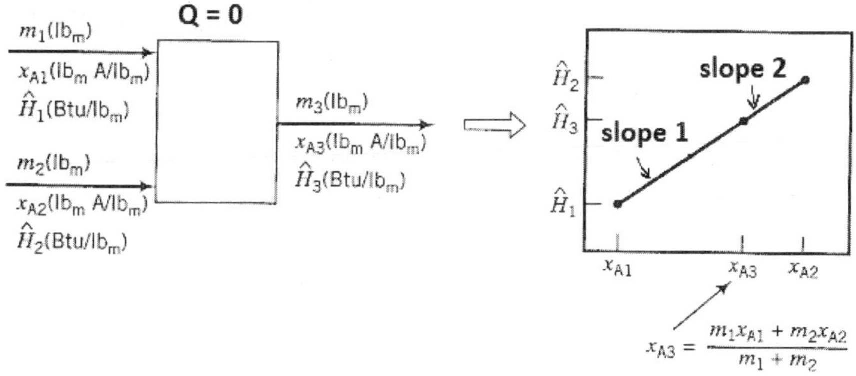

$$\text{단열혼합 직선식: } \frac{\widehat{H}_3 - \widehat{H}_1}{x_{A3} - x_{A1}}\,(slope\,1) = \frac{\widehat{H}_2 - \widehat{H}_3}{x_{A2} - x_{A3}}\,(slope\,2)$$

- 두 입력 혼합물의 조성 (x_{A1}, x_{A2})으로부터 생성물의 조성 (x_{A3})을 계산한다.
- 엔탈피-농도 도표 상에서 두 입력 혼합물의 위치를 나타내는 두 점을 찾아서 서로 직선으로 연결한다.
- 이 직선 위에서 농도가 x_{A3}인 지점의 엔탈피가 생성물의 엔탈피이다.

3) 이성분계 액체-기체의 평형상태에서 엔탈피-농도 도표

Feed stream이 평형을 이루고 있는 기체 stream V와 액체 stream L로 증류되는 공정. V와 L의 평형온도가 T(°F)일 때,

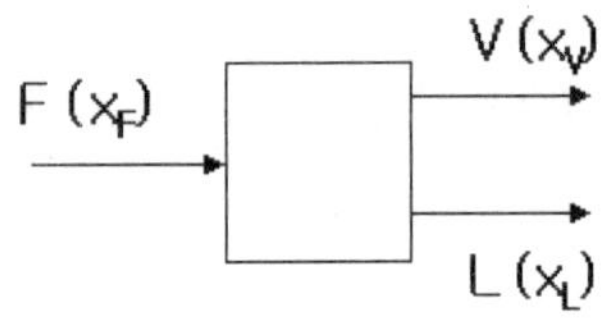

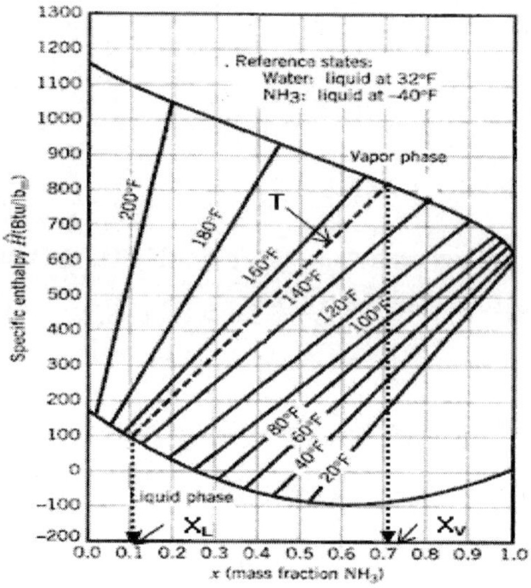

Enthalpy-Concentration Charts for the Ammonia-Water System at 1 atm

(Brown GG et al. Unit Operations, 1950, John Wiley & Sons)

(예제) H_2O – NH_3 이성분 기체–액체 평형계

H_2O와 NH_3의 혼합물이 용기 안에서 1 atm, 140°F의 평형상태에 있다.

① Enthalpy-Concentration Chart를 이용해서 액체상과 기체상에서 NH_3의 질량분율 (mass fraction)을 각각 구하시오.

② 만일 액체상의 질량이 전체질량의 70%라면 전체 계의 NH_3의 질량분율 (x_F)과 전체 계의 비엔탈피 값 (Btu/lb_m)을 구하시오.

(풀이)

① 평형에 있는 기체와 액체에 대한 자유도 = 2 + c - p = 2 + 2 - 2 = 2

평형계의 압력 (1 atm)과 온도 (140°F)가 주어졌으므로 자유도를 만족시킨다.

Enthalpy-Concentration Chart에서 140°F의 tie-line이 vapor phase곡선과 만나는 지점의 x-축 값이 기체상 NH_3의 질량분율, liquid phase곡선과 만나는
지점의 x-축 값이 액체상 NH_3의 질량분율이다.

따라서 액체상과 기체상에서 NH_3의 질량분율: x_L = 0.12, x_V = 0.81

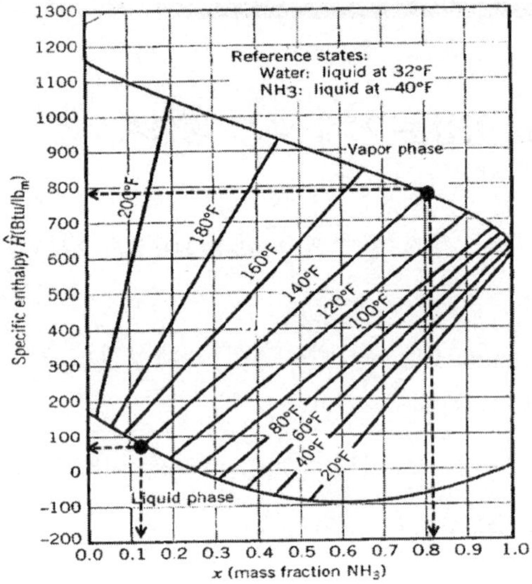

② 위의 도표에서 두 지점의 y-축 값이 각 각 기체상과 액체상의 비엔탈피 값이다.

$\widehat{H}_v$ = 780 Btu/lb_m, $\widehat{H}_L$ = 80 Btu/lb_m

- 계산기준: 총 혼합물 질량 = 100 lb_m

- NH3에 대한 물질수지식: 100 x_F = 70 x_L + 30 x_V

= 70x0.12 + 30x0.81 = 32.7

따라서 x_F = 0.327

- 전체 계의 NH_3의 질량분율: x_F = 0.327

- 전체 계의 비엔탈피: $\widehat{H} = x_v \widehat{H}_v + x_L \widehat{H}_L$ = 0.30×780 + 0.7×80 = 290 Btu/lbm

(예제) Flash Vaporization

액체혼합물 (70 mass% H_2O + 30 mass% NH_3)이 100 lb_m/h의 속도로 Flash vaporizer로 유입된다. 유입물의 비엔탈피 ($\widehat{H}_F$)는 100 Btu/lb_m이다. Flash vaporizer로부터 서로 평형에 있는 기체혼합물 (89 mass% NH_3)과 액체혼합물이 1 atm에서 유출된다.

① Enthalpy-Concentration Chart를 이용해서 증발기에서 유출되는 흐름의 온도 (°F)를 구하시오.

②이 증발기에 공급되어야 하는 열에너지 값 (Btu/h)을 구하시오.

(풀이)

① 평형에 있는 기체와 액체에 대한 자유도 = 2 + c - p = 2 + 2 - 2 = 2

기체생성물의 조성 (89 mass% NH_3)과 압력 (1 atm)이 주어졌으므로 자유도를 만족시킨다.

Enthalpy-Concentration Chart에서 0.89 NH_3에서의 수직선과 증기상 (vapor phase) 곡선이 만나는 지점의 온도가 120°F이므로 증발기로부터 생성되는 유출물의 온도는 120°F이다. 또한 120°F의 tie line이 액체상 (liquid phase) 곡선과 만나는 지점의 NH_3의 농도가 0.185이므로 액체생성물의 NH_3의 농도는 18.5 mass%이다.

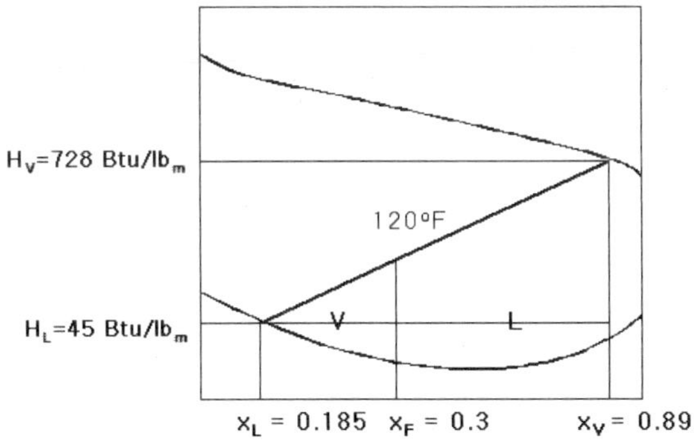

② 계산기준: Feed 유입속도 = 100 lb_m/h

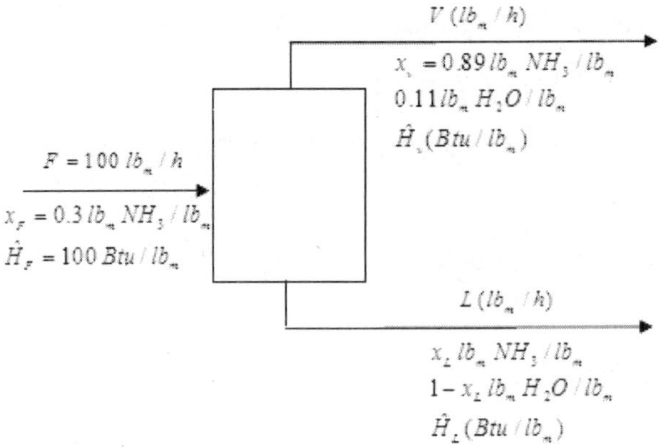

기체생성물과 액체 생성물의 엔탈피는 도표로부터 $\widehat{H_V}$ = 728 Btu/lb_m, $\widehat{H_L}$ = 45 Btu/lb_m이다.

물질수지

Total mass: 100 lb_m/h = V + L ------------- (1)

Mass of NH_3: 0.3 x 100 = 0.89 V + 0.185 L -----(2)

From (1) x 0.89 - (2)

액체생성물의 질량유속: $L = 100\,lb_m/h\,\dfrac{0.89-0.30}{0.89-0.185} = 84\,lb_m/h$;

기체생성물의 질량유속: V = 100 - 84 = 16 lb_m/h

에너지수지

$\dot{Q} = \Delta\dot{H} = V\widehat{H_v} + L\widehat{H_L} - F\widehat{H_F}$ = 16x728 + 84x45 - 100x100

= 5400 Btu/h

(예제) 액체혼합공정의 에너지 수지

25℃ 황산 (H_2SO_4) 1 mol과 25℃ H_2O 25 mol을 단열용기에서 혼합시켰다.

① 두 성분이 완전히 혼합된 후 혼합액의 최종온도를 계산하시오.

② 혼합액의 온도가 25℃로 유지되기 위해서 제거해 주어야 할 열에너지의 크기를 계산하시오.

- 25℃에서 황산 (H_2SO_4)의 물에 대한 용해열:

$$\Delta \hat{H}_s (25℃, r = 25) = -72.3\, kJ/mol\, H_2SO_4$$

- 황산과 물 혼합액의 비열은 각 성분의 몰분율에 비례한다고 가정한다.

(풀이)

① 단열 혼합용기에서 혼합된 H_2SO_4-H_2O 혼합액의 최종온도 계산

$$r = \frac{mol\, H_2SO_4}{mol\, H_2O} = 25$$

이 혼합공정은 다음과 같이 두 단계의 가상공정으로 구성한다.

1 mol H_2SO_4 (25℃) + 25 mol H_2O (25℃)

↓ $\Delta H_1 = 100\Delta \hat{H}_s$ (n=25)

Mixture at 25℃

↓ ΔH_2

Mixture at T℃

- $\Delta H_1 = 1 \times \Delta \hat{H}_s (25℃, r = 25) = 1 \times (-72.3\, kJ/mol\, H_2SO_4) = -72.3\, kJ$

• ΔH_2 : 황산-물 혼합액을 25℃에서 최종온도 T℃로 가열하기 위해서 필요한 에너지

$$\hat{C}_{p,\,mixture} = x_{H_2SO_4}\hat{C}_{p,\,H_2SO_4(l)} + x_{H_2O}\,\hat{C}_{p,\,H_2O}$$

$$= \frac{1}{1+25}\,(139\times10^{-3} + 15.6\times10^{-5}\,T(℃)) + \frac{25}{1+25}\,(75.4\times10^{-3})$$

$$= 77.9\times10^{-3} + 0.6\times10^{-5}\,T(℃)$$

$$\Delta H_2 = \int_{25℃}^{T℃} n_{mixture}\hat{C}_{p,\,mixture}\,dT$$

$$= \int_{25℃}^{T℃}(1+25)\times(77.9\times10^{-3} + 0.6\times10^{-5}\,T(℃))dT$$

$$= 2.024\,T + 7.8\times10^{-5}\,T^2|_{25℃}^{T℃}$$

$$= 2.024\,T + 7.8\times10^{-5}\,T^2 - 50.65$$

• 이 혼합공정은 단열공정이므로 에너지 수지식은,

$$Q = \Delta H = \Delta H_1 + \Delta H_2 = 0$$

$$\Delta H = -72.3 - 50.65 + 2.024\,T_{ad} + 7.8\times10^{-5}\,T_{ad}^2 = 0$$

$$7.8\times10^{-5}\,T_{ad}^2 + 2.024\,T_{ad} - 122.95 = 0$$

위 식을 풀이하면

$$T_{ad} \approx 60.6℃$$

② 혼합액의 온도가 25℃로 유지되기 위해서 제거해 주어야 할 열에너지의 계산

혼합액의 최종온도가 초기 온도와 동일한 25℃일 경우 $\Delta H_2 = 0$이다.
따라서

$$Q = \Delta H_1 + \Delta H_2 = \Delta H_1$$
$$= 1 \times \Delta \hat{H}_s (25℃, n = 25) = -72.3\,kJ$$

따라서 72.3 kJ의 에너지를 제거시켜야 한다.

※ 단열온도 (T_{ad})를 H_2SO_4-H_2O 계의 엔탈피-농도 도표에서 구하기

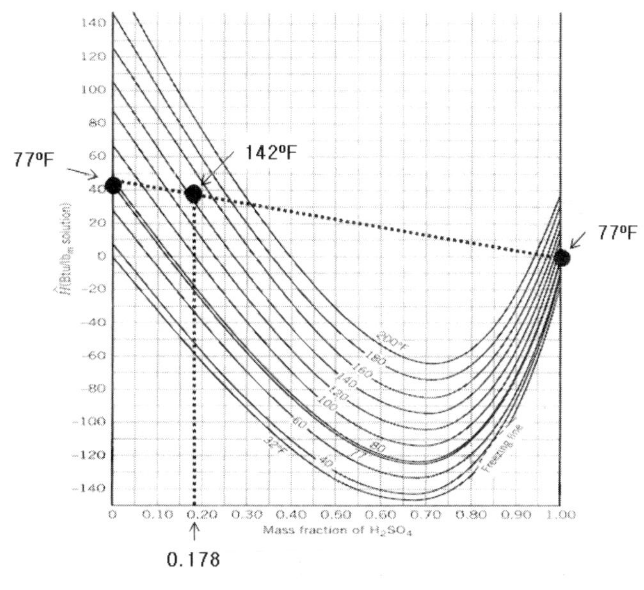

● 25℃ (77°F) 순수한 황산 (H_2SO_4)과 25℃ (77°F) H_2O를 나타내는 위치를 도표위에 나타낸다.

● 두 점을 직선으로 연결한다.

● 최종혼합물의 황산의 질량분율을 계산한다.

H_2O: 25 mol x 18 g = 450 g

H_2SO_4: 1 mol x 98 g = 98 g

총질량: 548 g

H_2SO_4의 질량분율 = 98/548 = 0.178

● H_2SO_4의 질량분율이 0.178인 점에서 수직선을 그린다.

● 두 직선이 만나는 점의 온도를 읽는다. 이온도가 단열 혼합된 혼합물의 온도가 된다. 142°F (= 61.1℃)

● ①에서 계산한 온도 (60.6℃)와 도표에서 구한 온도 (61.1℃)가 거의 같다.

(예제) 액체혼합공정의 에너지 수지

80% H_2SO_4용액 50 lb_m와 순수한 액체 H_2O 50 lb_m가 혼합된다. 두 액체 모두 온도는 77°F로 동일하다.

① 최종 혼합용액의 최고온도를 H_2SO_4-H_2O에 대한 Enthalpy-Concentration Chart로부터 구하시오.

② 최종 혼합액의 온도가 처음 온도와 동일한 77°F가 되기 위해서 필요한 열에너지 값 (Btu)을 구하시오.

(풀이)

① H_2SO_4와 H_2O의 혼합공정은 발열공정이다. 따라서 단열혼합일 경우 최종 혼합물의 온도가 가장 높아진다. 이온도는 H_2SO_4-H_2O에 대한 Enthalpy-Concentration Chart로부터 아래와 같이 구하면 약 150°F이다.

이 때 최종 혼합물의 H_2SO_4의 질량분율 = (80x0.5)/100 = 0.4

② H_2SO_4-H_2O에 대한 Enthalpy-Concentration Chart의 각 지점에서 y-축 값으로부터 77°F에서 80% H_2SO_4, liquid H_2O, 40% H_2SO_4용액의 비엔탈피 값들을 읽는다.

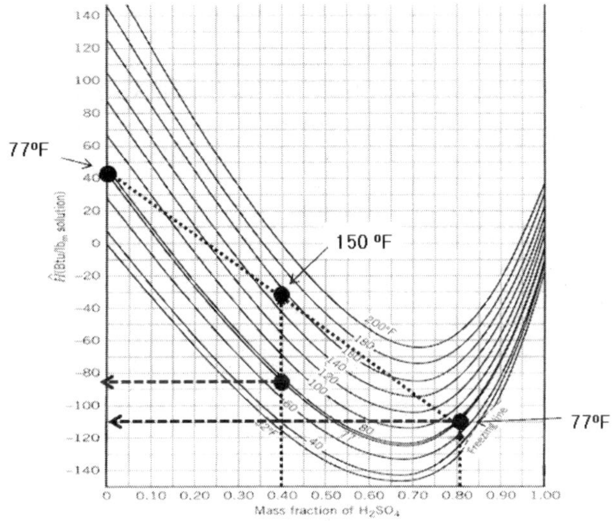

$$\Delta \hat{H}(80\%\ H_2SO_4, 77°\mathrm{F}) \approx -110\ Btu/lb_m$$

$$\Delta \hat{H}(40\%\ H_2SO_4, 77°\mathrm{F}) \approx -85\ Btu/lb_m$$

$$\Delta \hat{H}(100\%\ H_2O, 77°\mathrm{F}) \approx 42\ Btu/lb_m$$

$$Q = \sum m_i \Delta \hat{H}_i = 100\,lb_m\,(-85)\frac{Btu}{lb_m} - 50\,lb_m\,(42 - 110)\frac{Btu}{lb_m} = -5100\,Btu$$

따라서 계로부터 5100 Btu의 열에너지가 제거되어야 한다.

(예제) 혼합공정

순수한 물 (25℃)과 HCl 기체 (100℃)가 혼합되어 1000 kg/h의 유출속도로 20 mass% HCl용액 (40℃)이 만들어진다. 이 공정의 열에너지 전달 속도를 계산하시오.

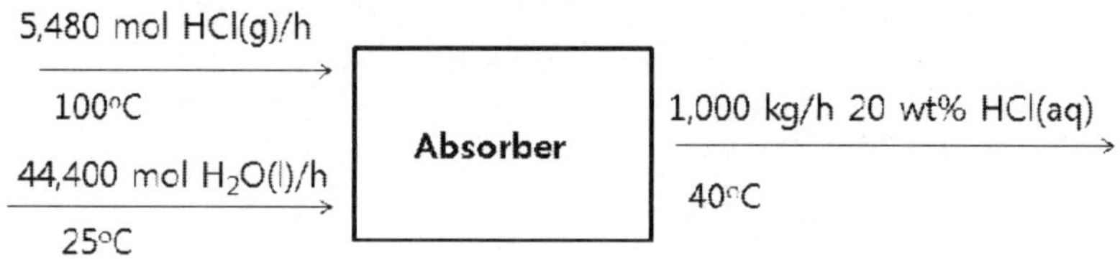

기체 HCl의 비열: $\hat{C}_{p,\,HCl(g)}$ = 29.2 J/(mol·℃)

20 mass% HCl수용액의 비열: $\hat{C}_{p,\,20\%\,HCl(l)}$ = 0.73 kcal/(kg·℃)

(풀이)

① 계산기준: 20 mass% HCl수용액 1000 kg

200 kg HCl = 5,480 mol HCl

800 kg H_2O = 44,400 mol H_2O

r = 44,400 mol H_2O/5,480 mol HCl = 8.1

20 mass% HCl수용액의 용액열: $\Delta \hat{H}_s\,(25℃, r = 8.1)$ = -67.4 kJ/(mol HCl)

이 공정의 에너지 도표

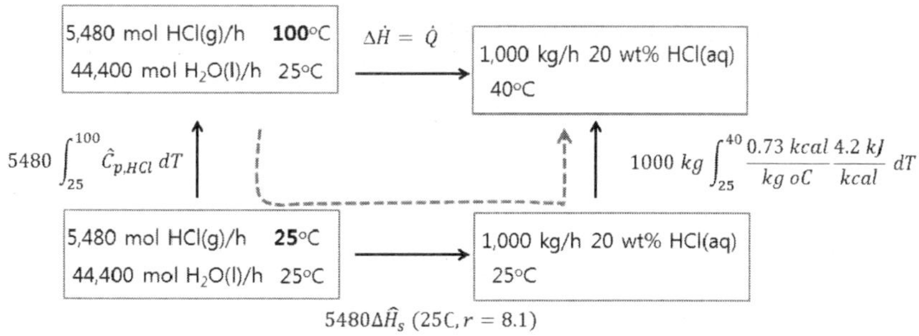

② 에너지 수지 계산

$$\Delta\dot{H} = \dot{Q} = 5480\int_{100℃}^{25℃}\hat{C}_{p,HCl}\,dT + 5480\,\Delta\hat{H}_s\,(25℃, r=8.1) + 1000\,kg\int_{25℃}^{40℃}\frac{0.73\,kcal}{kg\,℃}\frac{4.2\,kJ}{kcal}\,dT$$

= 5480 mol HCl (0.0292 kJ/(mol·℃))(25 - 100)℃ + 5480 mol HCl (-67.4 kJ/mol HCl)

\+ 1000 kg 혼합액 (3.066 kJ/(kg·℃))(40 - 25)℃

= - 12001.2 kJ - 369352 kJ + 45990 kJ

= -3.35×10^5 kJ

종합문제

(문제) 스팀 가열기 (Steam heater)

150℃의 포화수증기가 500℃로 가열된다.

① 이 과정이 일정한 압력에서 100 kg/s의 수증기 유량으로 연속적으로 일어날 경우 가해주어야 하는 열에너지의 전달속도 값 (kJ/s)을 구하시오.

② 이 가열이 부피가 일정한 가열기에서 100 kg의 수증기를 가열할 경우 가해주어야 하는 열에너지의 값 (kJ)을 구하시오.

수증기는 이상기체로 가정한다. 기체상수 R = 8.314 J/(mol·K)

(풀이)

① 압력이 일정한 열린계의 가열

$$\Delta \hat{H} = \int_{150℃}^{500℃} \hat{C}_p (H_2O gas) dT \qquad \hat{C}_p \text{의 단위: kJ/(mol·℃)}$$

$$= \int_{150℃}^{500℃} (33.5\times 10^{-3} + 0.688\times 10^{-5}\, T(℃) + 0.76\times 10^{-8}\, T(℃)^2 - 3.59\times 10^{-12}\, T(℃)^3) dT$$

$$= 12.746 \frac{kJ}{mol} \frac{1\,mol}{0.018\,kg} \approx 708.1\, kJ/kg$$

$$\dot{Q} = \dot{m} \Delta \hat{H} = \frac{100\,kg}{s} \frac{708.1\,kJ}{kg} = 70810\, kJ/s$$

② 부피가 일정한 닫힌계의 가열

$$\Delta \hat{U} = \Delta \hat{H} - \Delta (P\hat{V}) = \Delta \hat{H} - R\Delta T$$

$$\Delta \hat{U} = 12.746 \frac{kJ}{mol} - 0.008314 \frac{kJ}{mol \cdot K}(500 - 150)K = 9.836\, kJ/mol$$

$$= \frac{9.386\, kJ}{mol} \frac{1\, mol}{0.018\, kg} = 546.5 \text{ kJ/kg}$$

For closed system:

$$Q = m \Delta \hat{U} = 100\, kg \frac{546.5\, kJ}{kg} = 54650\, kJ$$

※ 압력변화에 의한 엔탈피와 내부에너지의 변화는 무시할 만큼 작으므로 온도변화만 고려한다.

(문제) 증발기 (Vaporizer)

액체혼합물 (60 mol% H_2O + 40 mol% NH_3) 1 mol이 25℃, 11 atm으로 증발기에 유입된다. 증발기에서 이 혼합물이 60℃ 1 atm로 가열되어 액체 생성물과 기체 생성물이 생긴다. 기체 생성물의 조성은 80 mol% NH_3이고, 액체생성물의 조성은 12 mol% NH_3이다.

① 기체생성물과 액체생성물의 mol수를 구하시오.

② H_2O와 NH_3의 증발과정에 대한 가상경로를 각각의 상도표 위에 간단하게 나타내시오.

③ 증발기에 공급되어야 되는 열에너지의 양 (kJ)을 계산하시오.

H_2O의 증발열 $\Delta \widehat{H}_v (H_2O, 100℃, 1\, atm) = 40.6\, kJ/mol$

NH_3의 증발열 $\Delta \widehat{H}_v (NH_3, -33℃, 1\, atm) = 23.35\, kJ/mol$

(풀이)

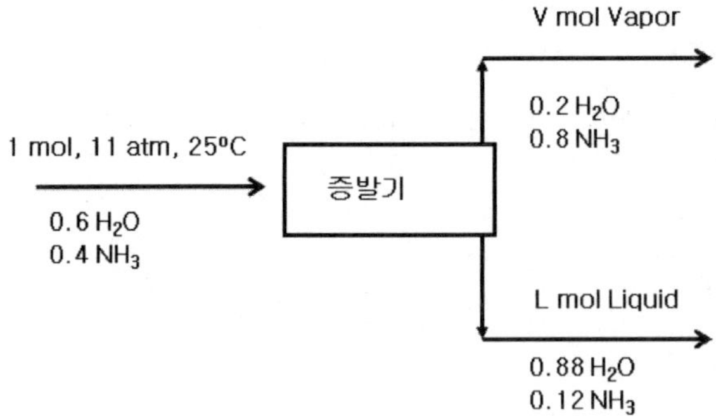

① 물질수지식: Total mole: $1 = V + L$

NH3-수지: $0.4 = 0.8\ V + 0.12\ L$

이 두 식으로부터 L = 0.59 mol, V = 0.41 mol

② 증발과정에 대한 가상경로

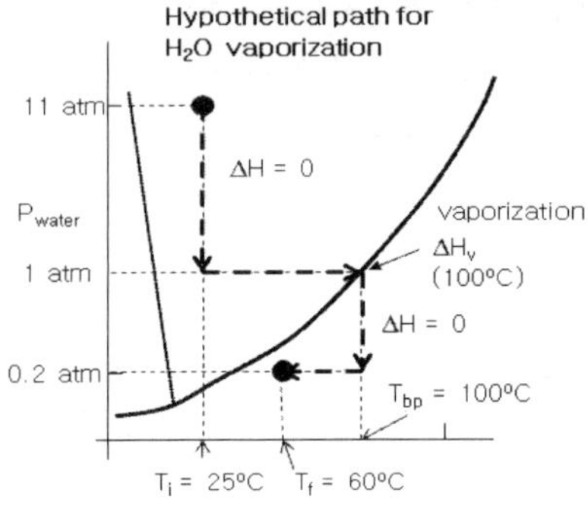

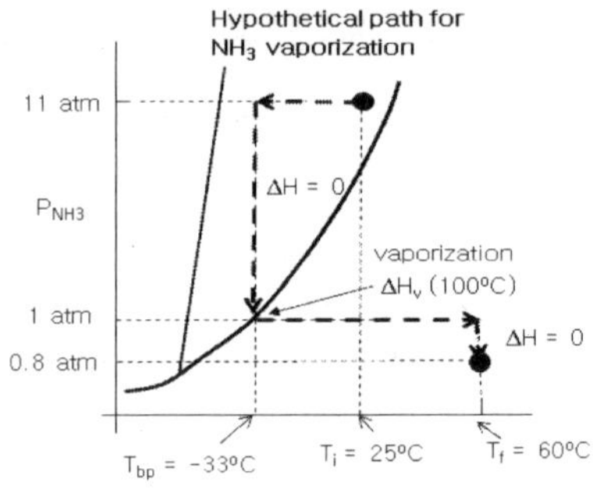

※ 위의 도표에서와 같이 등온과정 (상도표상 수직선 과정)의 엔탈피 변화는 무시할 수 있을 정도로 작다. 따라서 간단한 가상 경로는 온도변화과정과 상변화 과정으로만 구성해도 된다. 즉 압력변화 값은 중요하지 않다. 따라서 간단한 가상경로는 다음과 같다.

H_2O 기화의 가상경로: (11 atm, 25℃, 액체)

↓ 액체의 가열

(1 atm, T_{bp}=100℃, 액체)

↓ 기화

(1 atm, 100℃, 기체)

↓ 기체의 냉각

(0.2 atm, 60℃, 기체)

NH_3 기화의 가상경로: (11 atm, 25℃, 액체)

↓ 액체의 냉각

(1 atm, T_{bp}-33℃, 액체)

↓ 기화

(1 atm, -33℃, 기체)

↓ 기체의 가열

(0.8 atm, 60℃, 기체)

③

$\widehat{C}_p$(liquid H_2O) = 0.0754 kJ/(mol·℃),

$\widehat{C}_p$(liquid NH_3) = 0.087 kJ/(mol·℃)

$\widehat{C}_p(H_2O gas) = 33.5\times10^{-3} + 0.688\times10^{-5}\,T(℃) + 0.76\times10^{-8}\,T(℃)^2 - 3.59\times10^{-12}\,T(℃)^3$

$\widehat{C}_p(NH_3 gas) = 35.2\times10^{-3} + 2.95\times10^{-5}\,T(℃) + 0.442\times10^{-8}\,T(℃)^2 - 6.69\times10^{-12}\,T(℃)^3$

모든 $\widehat{C}_p$의 단위는 kJ/(mol·℃)

H_2O (l)의 가열:

$\Delta\widehat{H}_1 = \widehat{C}_p(H_2O,l)\Delta T = 0.0754\,kJ/(mol\cdot℃)\times(60-25) = 2.639\,kJ/mol$

NH_3 (l)의 가열:

$$\Delta \widehat{H}_2 = \widehat{C}_p(NH_3, l)\Delta T = 0.087\, kJ/(mol \cdot ℃) \times (60-25) = 3.045\, kJ/mol$$

H_2O (l)의 기화:

$$\Delta \widehat{H}_3 = \widehat{C}_p(H_2O, l)(100-25) + \Delta \widehat{H}_v(T_{bp} = 100) + \int_{100}^{60} \widehat{C}_p(H_2O, g)\, dT$$

$$= 0.0754 \times 85 + 40.6 - 1.362 = 45.65\, kJ/mol$$

NH_3 (l)의 기화:

$$\Delta \widehat{H}_4 = \widehat{C}_p(NH_3, l)(-33-25) + \Delta \widehat{H}_v(T_{bp} = -33) + \int_{-33}^{60} \widehat{C}_p(NH_3, g)\, dT$$

$$= 0.087 \times (-58) + 23.35 + 3.338 = 21.64\, kJ/mol$$

	Inlet, 25℃		Outlet, 60℃	
	mol	kJ/mol	mol	kJ/mol
H_2O (l)	0.6	0※	0.52	$\Delta \widehat{H}_1 = 2.639$
NH_3 (l)	0.4	0※	0.072	$\Delta \widehat{H}_2 = 3.045$
H_2O (g)	0		0.082	$\Delta \widehat{H}_3 = 45.65$
NH_3 (g)	0		0.328	$\Delta \widehat{H}_4 = 21.64$

※ $\widehat{H} = 0$ 이 되는 $\Delta \widehat{H}_i$ 의 기준점은 25℃의 H_2O (liquid)와 NH_3 (liquid)

$Q = \Delta H = \sum n_i \Delta \widehat{H}_i =$ 0.52x2.639 + 0.072x3.045 + 0.082x45.65 + 0.328x21.64 = 12.43 kJ

(문제)

액체 acetone이 20℃ 2 atm에서 200℃, 3 atm의 기체로 기화한다.

① 이 기화과정에 대한 가상경로를 적으시오.
② 이 과정에 대한 엔탈피변화 ($\Delta\hat{H}$)와 필요한 열에너지의 값 (kJ/mol)을 구하시오.
Acetone의 증발열: $\Delta\hat{H}_v$ = 30.2 kJ/mol (T_b = 56℃, 1 atm)

(풀이)

① 가상경로

(20℃, 2 atm 액체)
↓ 액체의 가열 $\Delta\hat{H}_1$
(56℃, 1 atm, 액체)
↓ 기화 $\Delta\hat{H}_v$ = 30.2 kJ/mol
(56℃, 1 atm, 기체)
↓ 기체의 가열 $\Delta\hat{H}_2$
(200℃, 3 atm, 기체)

② For acetone:

$$\hat{C}_p(l) = 123\times10^{-3} + 18.6\times10^{-5}\,T(℃)$$

$$\hat{C}_p(g) = 72.0\times10^{-3} + 10.1\times10^{-5}\,T(℃) - 12.8\times10^{-8}\,T(℃)^2 + 34.8\times10^{-12}\,T(℃)^3$$

$$\Delta\hat{H}_1 = \int_{20℃}^{56℃} \hat{C}_p(l)\,dT = 4.68\,kJ/mol$$

$$\Delta\hat{H}_2 = \int_{56℃}^{200℃} \hat{C}_p(g)\,dT = 13.8\,kJ/mol$$

$$Q = \sum \Delta\hat{H}_i = \Delta\hat{H}_1 + \Delta\hat{H}_v + \Delta\hat{H}_2$$

$$= 4.68 + 30.2 + 13.8 = 48.68\ \text{kJ/mol}$$

(문제)

p-Cresol (C_7H_8O, T_m = 35.5℃, T_b = 201.9℃ at 1 atm) 1 kg이 1 atm, 20℃에서 2 atm, 350℃로 기화된다.

① p-Cresol의 고체비열 $\hat{C}_p(s)$과 액체비열 $\hat{C}_p(l)$의 값 (J/(mol·℃))을 Kopp's rule을 이용해서 추청하시오.

② p-Cresol의 용융열 $\Delta \hat{H}_m$과 증발열 $\Delta \hat{H}_v$의 값 (kJ/mol)을 추정하시오.

③ 이 과정에 대한 가상경로를 정하시오.

④ p-Cresol 1 kg을 기화시키기 위해서 필요한 열에너지 Q (kJ) 값을 계산하시오.

p-Cresol 기체의 비열 $\hat{C}_p(g)$은 다음 식과 같다고 가정한다.

$$\hat{C}_p(g) = 94.2\times 10^{-3} + 38.0\times 10^{-5}\,T(℃) - 27.9\times 10^{-8}\,T(℃)^2 + 80.3\times 10^{-12}\,T(℃)^3$$

(풀이)

① From Kopp's rule

$$\hat{C}_p(C_7H_8O) = 7\,\hat{C}_p(C) + 8\,\hat{C}_p(H) + \hat{C}_p(O)$$

$\hat{C}_p(l)$ = 7x12 + 8x18 + 1x25 = 253 J/(mol ℃)

$\hat{C}_p(s)$ = 7x7.5 + 8x9.6 + 1x17 = 146.3 J/(mol ℃)

② $\Delta \hat{H}_m$ = 0.05 T_m(K) = 0.05 x (35.5 + 273)K = 15.4 kJ/mol

From Trouton's rule:

$\Delta \hat{H}_v$ = 0.088 T_{bp}(K) = 0.088 (201.9 + 273)K = 41.8 kJ/mol

③ 온도변화와 상변화만 고려한 간단한 가상경로는 다음과 같다.

H_2O 기화의 가상경로: (20℃, 고체)

↓ 고체의 가열 $\Delta \hat{H}_1$

(T_m=35.5℃, 고체)

↓ 용융 $\Delta \hat{H}_m$=15.4 kJ/mol

(T_m=35.5℃, 액체)

↓ 액체의 가열 $\Delta \hat{H}_2$

(T_{bp}=201.9℃, 액체)

↓ 기화 $\Delta \hat{H}_v$ = 41.8 kJ/mol

(T_{bp}=201.9℃, 기체)

↓ 기체의 가열 $\Delta \hat{H}_3$

(T_{bp}=350℃, 기체)

$$\Delta \hat{H}_1 = \hat{C}_p(s)\Delta T = 0.1463\,kJ/(mol \cdot ℃) \times (35.5 - 20) = 2.27\,kJ/mol$$

$$\Delta \hat{H}_2 = \hat{C}_p(l)\Delta T = 0.253\,kJ/(mol \cdot ℃) \times (201.9 - 35.5) = 42.1\,kJ/mol$$

$$\Delta \hat{H}_3 = \int_{201.9}^{350} \hat{C}_p(g)\,dT = 26.5 \text{ kJ/mol}$$

$$Q = n\sum \Delta \hat{H}_i = 1\,kg\,\frac{1\,mol}{0.108\,kg}(2.27 + 15.4 + 42.1 + 41.8 + 26.5) = 1185.8\,kJ$$

제9장

반응공정에 대한 에너지 계산

9.1 반응열 (Heat of Reaction)

1) 반응열 ($\Delta\hat{H}_r$)의 정의

생성물질들의 총 엔탈피와 반응물질들의 총 엔탈피 값의 차이

$$\Delta\hat{H}_r = \sum_i \nu_i \hat{H}_i = \sum_{products} |\nu_i| \hat{H}_i - \sum_{reactants} |\nu_i| \hat{H}_i$$

반응열의 단위 = kJ/mol, 분모의 mol은 반응진행도 (ξ)의 단위.
ν_i = 화학반응계수

- 흡열반응 (Endothermic Reactions): $\Delta\hat{H}_r > 0$

생성물질들의 총 엔탈피가 반응물질들의 총 엔탈피보다 큰 반응

- 발열반응 (Exothermic Reactions): $\Delta\hat{H}_r < 0$

생성물질들의 총 엔탈피가 반응물질들의 총 엔탈피보다 작은 반응

● 반응내부에너지 (Internal Energy of Reaction, $\Delta \hat{U}_r$)

생성물질들과 반응물질들 사이의 내부에너지 차이
닫힌계인 회분식 반응기에서 일어나는 반응의 에너지 계산에 중요함.

$$\Delta \hat{U}_r = \sum_i \nu_i \hat{U}_i = Q + W \approx Q$$

● $\Delta \hat{H}_r$ 와 $\Delta \hat{U}_r$ 의 관계

액체나 고체물질의 경우 $\Delta \hat{H}_r \approx \Delta \hat{U}_r$

기체물질의 경우 이상기체로 가정하면 일정한 온도에서

$$\Delta \hat{U}_r = \Delta \hat{H}_r - \Delta P \hat{V}$$

$$\Delta \hat{U}_r = \Delta \hat{H}_r - RT \Delta n_{gas} = \Delta \hat{H}_r - RT \left(\sum_{\substack{gaseous \\ products}} |\nu_i| - \sum_{\substack{gaseous \\ reactants}} |\nu_i| \right)$$

2) 표준생성열 (Standard Heat of Formation)과 표준 반응열

(1) 생성 반응 (Formation Reactions)과 생성열

생성반응 (Formation Reaction): 원소 (Element)들로부터 화합물이 생성되는 반응. 원소들의 예: O_2, H_2, N_2, Br_2, C, Cl_2, Cu, He, I_2, Fe, Pb, Hg, Ni,...

물질의 생성열 (Heat of Formation): 생성반응의 반응열

$$\Delta\hat{H}_f = \hat{H}_{compound} - \sum n_i \hat{H}_{element\,i}$$

원소들의 경우: $\Delta\hat{H}_f = 0$

(2) 표준생성열 (Standard Heat of Formation)과 표준 반응열

● 표준 반응열 ($\Delta\hat{H}_r^{\circ}$): 반응물질과 생성물질이 모두 표준조건인 25℃, 1 atm에서의 반응열

● 표준생성열 ($\Delta\hat{H}_f^{\circ}$): 표준조건인 25℃, 1 atm에서 화합물이 그 화합물을 구성하고 있는 원소들로부터 생성되는 반응의 반응열

표준반응열: $\Delta\hat{H}_r^{\circ} = \sum_i \nu_i \Delta\hat{H}_{f,i}^{\circ}$

$$\Delta\hat{H}_r^{\circ} = -\sum_{reactants} |\nu_i| \Delta\hat{H}_{f,i}^{\circ} + \sum_{products} |\nu_i| \Delta\hat{H}_{f,i}^{\circ}$$

3) 표준연소열 (Standard Heat of Combustion)과 표준 반응열

(1) 연소 반응 (Combustion Reactions) 과 연소열 ($\Delta\hat{H}_c$)

화합물 1 mol이 산소와 반응하여 완전연소물질을 만들어내는 반응의 반응열

각 원자들의 완전연소 생성물

C → CO_2
H → H_2O
S → SO_2

$N \rightarrow N_2$ (N의 완전연소반응의 생성물은 NO나 NO_2가 아니다)

(예) 여러 가지 화합물의 완전연소반응

$C_2H_5OH + 3O_2 \rightarrow 2CO_2 + 3H_2O$
$C_6H_6 + 13/2O_2 \rightarrow 6CO_2 + 3H_2O$
NH_3 (g) $+ 3/4O_2 \rightarrow 0.5N_2 + 3/2H_2O$
$C_6H_5O_2N + 25/2O_2 \rightarrow 6CO_2 + 5/2H_2O + 0.5N_2$

(2) 표준연소열 ($\Delta\hat{H}_c^\circ$, Standard Heat of Combustion)과 표준 반응열 ($\Delta\hat{H}_r^\circ$)

- 표준 연소열: 표준조건인 25℃, 1 atm에서 물질이 완전 연소되어 25℃, 1 atm의 완전연소물질을 생성하는 반응의 반응열.

※ 25℃, 1 atm에서 수소원자 (H)의 완전연소 생성물인 H_2O는 액체로 표기.

표준반응열: $\Delta\hat{H}_r^\circ = \sum_{reactants} |\nu_i| \Delta\hat{H}_{c,i}^\circ - \sum_{products} |\nu_i| \Delta\hat{H}_{c,i}^\circ = -\sum_i \nu_i \Delta\hat{H}_{c,i}^\circ$

- 요약: 주어진 반응의 25℃, 1 atm에서 표준반응열 ($\Delta\hat{H}_r^\circ$)은 다음과 같이 반응에 참여하는 각 반응물질과 생성물질의 표준 생성열 ($\Delta\hat{H}_{f,i}^\circ$) 또는 표준연소열 ($\Delta\hat{H}_{c,i}^\circ$)로부터 구한다.

$$\Delta\hat{H}_r^\circ = \sum_i \nu_i \Delta\hat{H}_{f,i}^\circ$$

$$\Delta\hat{H}_r^\circ = -\sum_i \nu_i \Delta\hat{H}_{c,i}^\circ$$

Standard Heat of Formation and Combustion

Name	Formula	T_b ℃ (1 atm)	phase	$\Delta \hat{H}_f^\circ$ (kJ/mol)	$\Delta \hat{H}_c^\circ$ (kJ/mol)
Acetaldehyde	CH_3CHO	20.2	g	-166.2	-1192.4
Ammonia	NH_3 (g)	-33.4	g	-46.19	-382.6
Ammonium sulfate	$(NH_4)_2SO_4$	-	c	-1179.3	-
n-Butane (g)	C_4H_{10}	-0.6	g	-124.7	-2878.5
Benzaldehyde	C_6H_5CHO	179	g	-40	-
			l	88.8	-3520.0
Carbon dioxide	CO_2	-	g	-393.5	-
Carbon monooxide	CO	-191.5	g	-110.5	-283.0
Diethyl ether	$(C_2H_5)_2O$	34.6	l	-272.8	-2726.7
Ethane	C_2H_6	-88.6	g	-84.7	-1560.0
Ethanol	C_2H_5OH	78.5	g	-235.3	-1409.3
			l	-277.6	-1366.9
Formaldehyde	HCHO	-19.3	g	-115.9	-563.5
Hydrogen	H_2	-252.8	g	0	-285.8
Hydrogen chloride	HCl	-85	g	-92.3	-
Methane		-161.5	g	-74.9	-890.4
Methanol	CH_3OH	64.7	g	-201.2	-764.0
			l	-238.6	-726.6
Propane	C_3H_8	-42.7	g	-103.8	-2220.0
Sodium chloride	NaCl(c)	1465	c	-411.0	-
Sodium hydroxide	NaOH	1390	c	-426.6	-
Sodium sulfate	Na_2SO_4	-	c	-1385.4	-
Sulfuric acid	H_2SO_4	-	l	-811.3	-
Toluene	$C_6H_5CH_3$	110.6	g	50	-3947.9
			l	12	-3909.9
Water	H_2O	100	g	-241.8	-
			l	-285.8	-

(예제) 반응내부에너지

다음 butane 연소반응의 반응엔탈피와 반응내부에너지의 관계식을 구하시오.

$$C_4H_{10}\ (g) + 13/2\ O_2\ (g) \rightarrow 4\ CO_2\ (g) + 5\ H_2O\ (l)$$

(풀이)

위 반응에 참여하는 물질 중 생성물인 H_2O (l)만이 액체이다. 따라서

$$\sum_{\substack{gaseous\\products}} |\nu_i| - \sum_{\substack{gaseous\\reactants}} |\nu_i| = 4 - 1 - 13/2 = -3.5$$

따라서

$$\Delta \hat{U}_r = \Delta \hat{H}_r - RT\left[\sum_{\substack{gaseous\\products}} |\nu_i| - \sum_{\substack{gaseous\\reactants}} |\nu_i|\right] = \Delta \hat{H}_r + 3.5\,RT$$

(예제) 생성반응식

화합물 NH_4NO_3, C_6H_6, CH_3OH, NH_3에 대한 각각의 생성반응을 나타내시오.

(풀이)

$$N_2 + 2H_2 + 3/2\ O_2 \rightarrow NH_4NO_3$$

$$6C + 3H_2 \rightarrow C_6H_6$$

$$C + 2H_2 + 1/2\ O_2 \rightarrow CH_3OH$$

$$1/2\ N_2 + 3/2\ H_2 \rightarrow NH_3$$

(예제) 표준생성열과 표준 반응열

다음과 같은 n-butane (g) 산화 반응의 표준 반응열을 각 화합물질의 표준생성열로부터 구하시오.

$$n\text{-}C_4H_{10}\ (g) + 13/2\ O_2\ (g) \rightarrow 4\ CO_2\ (g) + 5\ H_2O\ (l)$$

(풀이)

$$\begin{aligned} \Delta \hat{H}_r^\circ &= \sum_i \nu_i \Delta \hat{H}_{f,i}^\circ \\ &= 5\Delta \hat{H}_{f,H_2O(l)}^\circ + 4\Delta \hat{H}_{f,CO_2}^\circ - \Delta \hat{H}_{f,nC_4H_{10}(g)}^\circ - \frac{13}{2}\Delta \hat{H}_{f,O_2}^\circ \\ &= 5(-285.8) + 4(-393.5) - (-124.7) - \frac{13}{2}(0) \\ &= -2{,}878.3\, kJ/mol \end{aligned}$$

(예제) 표준연소열과 표준 반응열

다음과 같은 ethanol 탈수소화 반응의 표준 반응열을 각 화합물질의 표준연소열로부터 구하시오.

$$C_2H_5OH\ (l) \rightarrow CH_3CHO\ (g) + H_2\ (g)$$

(풀이)

$$\begin{aligned} \Delta \hat{H}_r^\circ &= -\sum_i \nu_i \Delta \hat{H}_{c,i}^\circ \\ &= \Delta \hat{H}_{c,C_2H_5OH(l)}^\circ - \Delta \hat{H}_{c,CH_3CHO(g)}^\circ - \Delta \hat{H}_{c,H_2(g)}^\circ \\ &= (-1366.9) - (-1192.4) - (-285.8) \\ &= 111.3\, kJ/mol \end{aligned}$$

(예제) 표준연소열과 표준 반응열

Diethylether ($(C_2H_5)_2O$)가 다음 반응에 의해서 분해된다.

$(C_2H_5)_2O \rightarrow C_3H_8 + H_2 + CO$. 이 반응에 대한 표준 반응열 (standard heat of reaction)을 ① 표준생성열 (standard heat of formation)과 ② 표준연소열 (standard heat of combustion)로부터 추정하시오.

(풀이)

① $\Delta \hat{H}_r^\circ = \sum_i \nu_i \Delta \hat{H}_{f,i}^\circ$

$$= \Delta \hat{H}_{f,\, C_3H_8(v)}^\circ + \Delta \hat{H}_{f,\, H_2(g)}^\circ + \Delta \hat{H}_{f,\, CO(g)}^\circ - \Delta \hat{H}_{f,\, (C_2H_5)_2O(l)}^\circ$$

$$= (-103.8) + 0 + (-110.52) - (-272.8) = 58.48\, kJ/mol$$

② $\Delta \hat{H}_r^\circ = -\sum_i \nu_i \Delta \hat{H}_{c,i}^\circ$

$$= -\Delta \hat{H}_{c,\, C_3H_8(v)}^\circ - \Delta \hat{H}_{c,\, H_2(g)}^\circ - \Delta \hat{H}_{c,\, CO(g)}^\circ + \Delta \hat{H}_{c,\, (C_2H_5)_2O(l)}^\circ$$

$$= -(-2220) - (-285.84) - (-282.99) + (-2726.7) = 62.13\, kJ/mol$$

(예제) 반응엔탈피

Butane의 산화 반응식은 다음과 같다.

C_4H_{10} (g) + 13/2 O_2 → 4 CO_2 (g) + 5 H_2O (l),

$\Delta \hat{H}_r = -2{,}878\, kJ/mol$

반응전 C_4H_{10} 20 mol, O_2 100 mol, CO_2 10 mol, H_2O 10 mol이 있었다. 반응 시작 후 임의의 시점에서 C_4H_{10}이 10 mol 남아 있었다.

① 이 때 반응정도와 반응에 의한 엔탈피 변화 값을 계산하시오.

② 위의 연소반응식이 다음과 같이 바뀔 경우 동일한 반응조건에 대해서 반응정도와 엔탈피 변화 값을 다시 계산하시오.

$$2\ C_4H_{10}\ (g) + 13\ O_2 \rightarrow 8\ CO_2\ (g) + 10\ H_2O\ (l)$$

(풀이)

① 주어진 화학반응식과 조건에 의해서 반응전 후 각각의 물질의 mol수를 계산하면 다음 표와 같다.

	C_4H_{10}(g)	O_2 (g)	CO_2 (g)	H_2O (l)
화학반응계수 (ν_i)	-1	-13/2	4	5
반응 전 mol수(n_{io})	20	100	10	10
반응 후 mol수(n_i)	10	100-10x13/2=35	10+10x4=50	10+10x5=60
변화량 ($\Delta n_i = n_i - n_{io}$)	-10	-65	40	50

반응정도: $\xi = \dfrac{n_i - n_{io}}{\nu_i} = \dfrac{\Delta n_i}{\nu_i} = \dfrac{-10}{-1} = 10$ mol (butane을 기준으로 계산)

반응에 의한 엔탈피 변화:

$$\Delta H = \xi \Delta \hat{H}_r = 10\,mol \frac{-2{,}878\,kJ}{mol} = -28{,}780\,kJ$$

② 새로운 화학반응식에 의해서 위 표를 다시 작성하면 다음과 같다.

	C_4H_{10} (g)	O_2 (g)	CO_2 (g)	H_2O (l)
화학반응계수 (ν_i)	-2	-13	8	10
반응 전 mol (n_{io})	20	100	10	10
반응 후 mol수(n_i)	10	100-10x13/2=35	10+10x4=50	10+10x5=60
반응량 ($\Delta n_i = n_i - n_{io}$)	-10	-65	40	50

바뀐 화학반응식에 의한 반응정도 $\xi = \dfrac{n_i - n_{io}}{\nu_i} = \dfrac{\Delta n_i}{\nu_i} = \dfrac{-10}{-2} = 5\ \text{mol}$

새로운 화학반응식은 원래 화학반응식의 양변에 2를 곱한 결과이다. 즉 반응열의 정의에서 반응물질과 생성물질의 변화량은 처음 반응식의 2배이다. 따라서 새로운 화학반응식의 반응열은 처음 화학반응식의 반응열의 2배가 된다. 즉

$$\Delta\hat{H}_{r2} = 2\Delta\hat{H}_{r1} = 2(-2{,}878\,kJ/mol) = -5{,}756\,kJ/mol$$

반응에 의한 엔탈피 변화는

$$\Delta H = \xi\Delta\hat{H}_{r2} = 5\,mol\,\frac{-5{,}756\,kJ}{mol} = -28{,}780\,kJ$$

※ 동일한 반응이라도 반응식을 다르게 표시하면 반응열 ($\Delta\hat{H}_r$)과 반응진행도 (ξ)는 달라진다.

※ 동일한 반응의 엔탈피 변화 ($\Delta H = \xi\Delta\hat{H}_r$)는 반응식을 다르게 표시하더라도 변하지 않는다.

9.2 반응계에 대한 에너지 수지 계산

정상상태 에너지 수지식: $\Delta\dot{E}_k + \Delta\dot{E}_p + \Delta\dot{H} = \dot{Q} + \dot{W}_s$

일반적인 화학공정의 경우 사용하게 되는 단순한 에너지 수지식:

$$\Delta\dot{E}_k,\ \Delta\dot{E}_p \ll \Delta\dot{H} \quad\rightarrow\quad \Delta\dot{H} = \dot{H}_{outlet} - \dot{H}_{inlet} = \dot{Q} + \dot{W}_s$$

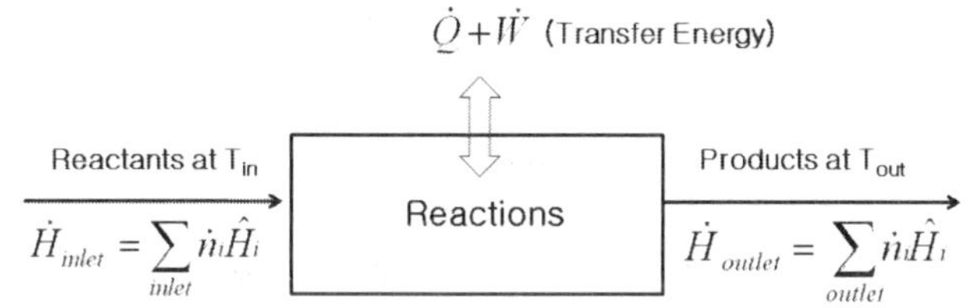

1) 표준반응열 ($\Delta\hat{H}_r^\circ$)을 이용한 단일반응에 대한 에너지 수지 계산

(1) 주어진 표준반응열 ($\Delta\hat{H}_r^\circ$)값을 이용하거나, 표준반응열 ($\Delta\hat{H}_r^\circ$)값을 반응에 참여하는 각 물질의 표준생성열 또는 표준 연소열로부터 구한다 (Path (2)).

$$\Delta\hat{H}_r^\circ = \sum_i \nu_i \Delta\hat{H}_{f,i}^\circ \quad \text{또는} \quad \Delta\hat{H}_r^\circ = -\sum_i \nu_i \Delta\hat{H}_{c,i}^\circ$$

(2) 주어진 반응조건을 이용해서 반응진행도 ξ값 (mol/h)을 구한다.

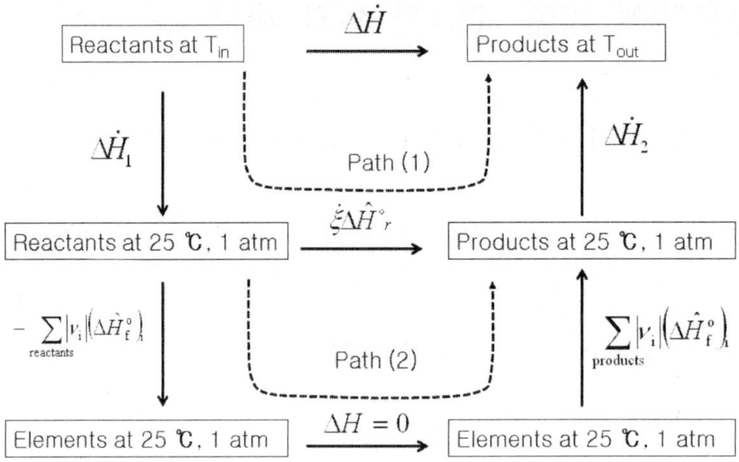

(3) 반응물질의 현열, 생성물질의 현열, 반응열들을 합해서 전체 공정의 엔탈피 변화량을 계산한다. (Path (1))

$$\Delta \dot{H} = \dot{H}_{outlet} - \dot{H}_{inlet} = \Delta \dot{H}_1 + \dot{\xi}\,\Delta \hat{H}_r^{\circ} + \Delta \dot{H}_2$$

$\Delta \dot{H}_1$ = 반응물질의 T_{in}에서 표준온도인 25℃까지의 현열 (sensible heat)

$$\Delta \dot{H}_1 = \int_{T_{inlet}}^{25℃} \left(\sum_{inlet} \dot{n}_i \hat{C}_{p,i}\right) dT$$

$\Delta \dot{H}_2$ = 생성물질의 표준온도 25℃에서 T_{out}까지 현열 (sensible heat)

$$\Delta \dot{H}_2 = \int_{25℃}^{T_{outlet}} \left(\sum_{outlet} \dot{n}_i \hat{C}_{p,i}\right) dT$$

※ 위의 적분온도 범위에서 상변화가 발생하는 물질이 존재할 경우 잠열 (latent heat)을 추가로 고려해 주어야 한다.

2) 복잡한 반응이나 반응식을 모를 경우 에너지수지 계산

2종류 이상의 복잡한 반응이나 반응식이 알려져 있지 않을 경우에는 표준반응열 ($\Delta \widehat{H}_r^\circ$) 및 반응진행도 ($\dot{\xi}$)를 계산하기 어렵다. 이러한 경우 다음 그림과 같이 path (3)를 이용해서 가장 일반적으로 공정의 엔탈피 변화 값 $\Delta \dot{H}$를 계산한다. 단일반응의 경우에도 이 방법을 사용할 수 있다.

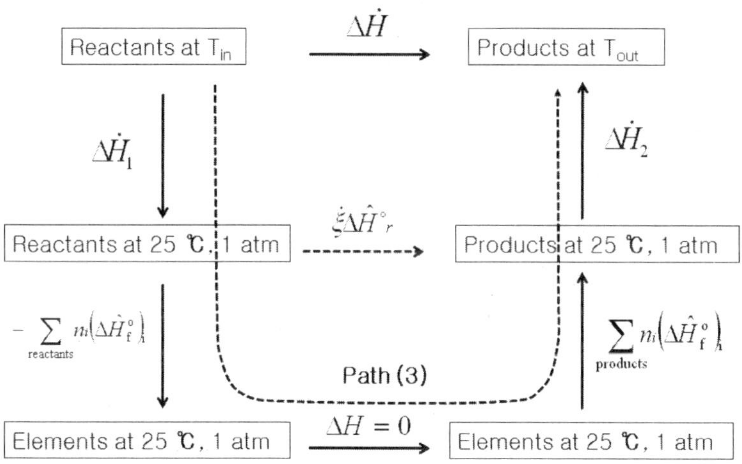

(1) 각 물질의 비엔탈피를 그물질의 표준생성반응열과 표준온도 25℃에서 현재온도 T까지의 현열의 합으로 구한다. (모든 물질의 기준점은 25℃, 원소로 같아진다)

$$\widehat{H}_i = \Delta \widehat{H}^\circ_{f,i} + \int_{25℃}^{T} \widehat{C}_i dT$$

(2) 적분 구간, 25℃와 T사이에 물질의 끓는점 T_b가 존재한다면 끓는점 T_b에서 증발열 ($\Delta \widehat{H}_{vap,i}(T_b)$)을 추가한다.

$$\widehat{H}_i = \Delta \widehat{H}^\circ_{f,i} + \int_{25℃}^{T_b} \widehat{C}_{p,i}(l) dT + \Delta \widehat{H}_{vap,i}(T_b) + \int_{T_b}^{T} \widehat{C}_{p,i}(g) dT$$

(3) 각 물질의 유량 ($\dot{n}_i$)을 비엔탈피 값에 곱하여 생성물과 반응물의 총 엔탈피를 각각 계산한다.

$$\dot{H}_{inlet} = \sum_{inlet} \dot{n}_i \widehat{H}_i \qquad \dot{H}_{outlet} = \sum_{outlet} \dot{n}_i \widehat{H}_i$$

(4) 최종적으로 공정의 엔탈피 변화 값을 구한다.

$$\Delta\dot{H} = \dot{H}_{outlet} - \dot{H}_{inlet} = \dot{Q} + \dot{W}_s$$

(예제) 단일 화학반응의 반응열

Hydrogen은 methane의 수소개질반응 (steam reforming)에 의해서 생성된다.
$CH_4 + H_2O \rightarrow CO + 3H_2$. 이 반응의 200°C, 1 atm에서의 반응열을 구하시오.

$$\hat{C}_p\left(\frac{kJ}{mol\,℃}\right) = a + bT + cT^2 + dT^3,\ \ T(℃)$$

$$\hat{C}_{P,\,CH_4(g)} = 34.3\times10^{-3} + 5.47\times10^{-5}\,T(℃) + 0.366\times10^{-8}\,T(℃)^2 - 11\times10^{-12}\,T(℃)^3$$

$$\hat{C}_{P,\,H_2O(g)} = 33.5\times10^{-3} + 0.688\times10^{-5}\,T(℃) + 0.76\times10^{-8}\,T(℃)^2 - 3.59\times10^{-12}\,T(℃)^3$$

$$\hat{C}_{P,\,CO(g)} = 29\times10^{-3} + 0.411\times10^{-5}\,T(℃) + 0.355\times10^{-8}\,T(℃)^2 - 2.32\times10^{-12}\,T(℃)^3$$

$$\hat{C}_{P,\,H_2(g)} = 28.8\times10^{-3} + 0.0077\times10^{-5}\,T(℃) + 0.329\times10^{-8}\,T(℃)^2 - 0.87\times10^{-12}\,T(℃)^3$$

(풀이)

각 물질의 200℃에서의 엔탈피 값을 다음 식을 이용해서 계산한다.

$$\hat{H}_i = \Delta\hat{H}^{\circ}_{f,i} + \int_{25℃}^{T}\hat{C}_i\,dT$$

Component	표준생성열 $\Delta\hat{H}^{\circ}_{f,i}$ (kJ/mol)		$\int_{25℃}^{200℃}\hat{C}_i\,dT$		$\hat{H}_i$
CH_4	-74.85	+	7.09	=	-67.76
H_2O (g)	-241.8	+	6.01	=	-235.82
CO	-110.5	+	5.16	=	-105.36
H_2	0	+	5.06	=	5.06

$$\Delta\hat{H}_r(200℃) = \sum\nu_i\hat{H}_i = -105.36 + 3\times5.06 - (-67.76) - (-235.82)$$

$= 213.4 \ \text{kJ/mol}$

(예제) 단일 화학반응의 표준상태에서 에너지 수지

Ammonium sulfate가 아래 반응과 같이 ammonia와 sulfuric acid의 반응에 의해서 생성된다. 2 NH_3 (g) + H_2SO_4 (l) → $(NH_4)_2SO_4$ (s)

① 표준반응열 (standard heat of reaction)을 구하시오.

② 만일 100 mol/s NH_3(g)가 반응기에 유입되고 40 mol/s의 $(NH_4)_2SO_4$가 생성된다면, 반응물과 생성물의 온도가 표준온도인 25℃일 때, 필요한 열에너지 양 (kJ/s)을 구하시오.

(풀이)

①

$$\Delta \hat{H}_r^\circ = \sum_i \nu_i \Delta \hat{H}_{f,i}^\circ = -1179.3 - 2(-46.19) - (-811.32) = -275.6\, kJ/mol$$

② $\xi = 40\, mol/s$ ($(NH_4)_2SO_4$를 기준으로 계산)

$$\dot{Q} = \Delta \dot{H} = \dot{\xi} \Delta \widehat{H_r^o} = = \frac{40\, mol}{s}(-275.6\, kJ/mol) = -11{,}064\, kJ/s\ (kW)$$

(예제) 단일 화학반응의 에너지 수지

n-Butane (g) 100 mol/s과 O_2 800 mol/s이 1 atm, 50℃로 연속식 연소반응기에 공급되고 출력흐름은 1 atm, 200℃이며 CO_2의 생성속도는 200 mol/s이다. 정상상태에서 이 반응기에 필요한 열에너지 공급 속도를 ① 표준반응열과 ($\Delta \widehat{H_r^o}$) 반응진행도 ($\dot{\xi}$)를 이용해서 ② 일반식을 ($\widehat{H}_i = \Delta \hat{H}_{f,i}^\circ + \int_{25℃}^{T} \widehat{C}_i dT$)

이용해서 구하시오.

n-Butane의 연소반응식: nC_4H_{10} (g) + $13/2O_2$ (g) → $4CO_2$ (g) + $5H_2O$ (l)

H_2O (l)의 증발열, $\Delta \hat{H}_v$ (100℃) = 41 kJ/mol.

$$\hat{C}_p \left(\frac{kJ}{mol\,℃}\right) = a + bT + cT^2 + dT^3,\quad T(℃)$$

$$\hat{C}_{P,\,nC_4H_{10}(g)} = 92.3\times 10^{-3} + 27.9\times 10^{-5}\,T(℃) - 15.5\times 10^{-8}\,T(℃)^2 + 35.0\times 10^{-12}\,T(℃)^3$$

$$\hat{C}_{P,\,CO_2(g)} = 36.1\times 10^{-3} + 4.23\times 10^{-5}\,T(℃) - 2.89\times 10^{-8}\,T(℃)^2 + 7.46\times 10^{-12}\,T(℃)^3$$

$$\hat{C}_{P,\,H_2O(l)} = 75.4\times 10^{-3}$$

$$\hat{C}_{P,\,H_2O(g)} = 33.5\times 10^{-3} + 0.688\times 10^{-5}\,T(℃) + 0.76\times 10^{-8}\,T(℃)^2 - 3.59\times 10^{-12}\,T(℃)^3$$

$$\hat{C}_{P,\,O_2(g)} = 29.1\times 10^{-3} + 1.16\times 10^{-5}\,T(℃) - 0.608\times 10^{-8}\,T(℃)^2 + 1.31\times 10^{-12}\,T(℃)^3$$

(풀이)

● 물질수지

Component	$\dot{n}_{inlet}$ (mol/s)	$\dot{n}_{outlet}$ (mol/s)
n-C_4H_{10} (g)	100	100-200/4 =50
O_2 (g)	800	800-50×13/2=475
H_2O (g)	0	200×5/4 = 250
CO_2 (g)	0	200

① 표준반응열과 ($\Delta \hat{H}_r^o$) 반응진행도 ($\dot{\xi}$)를 이용

● 이 반응계를 도표로 나타내면 다음과 같다.

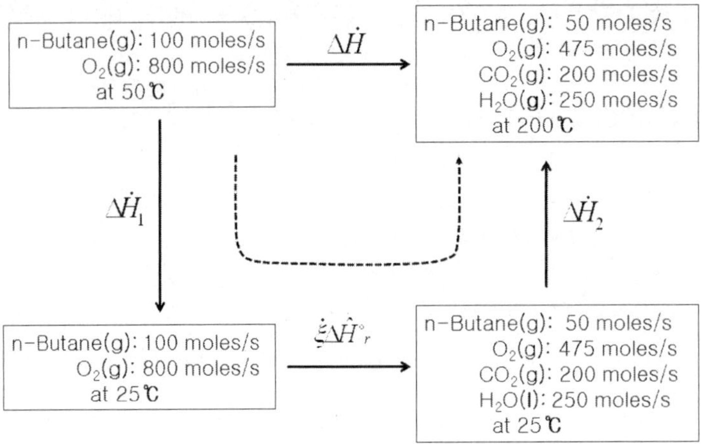

- 반응진행도

$$\dot{\xi} = \frac{\Delta \dot{n}_i}{\nu_i} = \frac{\Delta \dot{n}_{butane}}{\nu_{butane}} = \frac{(50-100)\,mol/s}{-1} = 50\,mol/s$$

- 표준반응열

$$\Delta \hat{H}_r^\circ = \sum_i \nu_i \Delta \hat{H}_{f,i}^\circ = 5\Delta \hat{H}_{f,H_2O(l)}^\circ + 4\Delta \hat{H}_{f,CO_2}^\circ - \Delta \hat{H}_{f,nC_4H_{10}(g)}^\circ - \frac{13}{2}\Delta \hat{H}_{f,O_2}^\circ$$

$$= 5(-285.8) + 4(-393.5) - (-124.7) - \frac{13}{2}(0)$$

$$= -2878.3\,kJ/mol$$

- $\Delta \dot{H}_1$ (50℃ → 25℃)

$$\sum_{inlet} \dot{n}_i \hat{C}_{p,i} = \frac{100\,mol}{s}\hat{C}_{p,nC_4H_{10}} + \frac{800\,mol}{s}\hat{C}_{p,O_2}$$

$$= \frac{100\,mol}{s}(92.3\times10^{-3}+27.9\times10^{-5}T-15.5\times10^{-8}T^2+35\times10^{-12}T^3)$$

$$+\frac{800\,mol}{s}(29.1\times10^{-3}+1.16\times10^{-5}T-0.608\times10^{-8}T^2+1.31\times10^{-12}T^3)$$

$$=32.51+3.72\times10^{-2}T-2.04\times10^{-5}T^2+4.55\times10^{-9}T^3\ (kJ/s\cdot ℃)$$

$$\Delta\dot{H}_1 = \int_{50℃}^{25℃}(\sum_{inlet}\dot{n}_i\hat{C}_{p,i})dT$$

$$=\int_{50℃}^{25℃}(32.51+3.72\times10^{-2}T-2.04\times10^{-5}T^2+4.55\times10^{-9}T^3)dT$$

= -846.9 kJ/s

- $\Delta\dot{H}_2$ (25℃ → 200℃)

< 기체성분들 >

$$\sum_{outlet\,gases}\dot{n}_i\hat{C}_{p,i}=\frac{50\,mol}{s}\hat{C}_{p,n-C_4H_{10}}+\frac{475\,mol}{s}\hat{C}_{p,O_2}+\frac{200\,mol}{s}\hat{C}_{p,CO_2}$$

$$=\frac{50\,mol}{s}(92.3\times10^{-3}+27.9\times10^{-5}T-15.5\times10^{-8}T^2+35\times10^{-12}T^3)$$

$$+\frac{475\,mol}{s}(29.1\times10^{-3}+1.16\times10^{-5}T-0.608\times10^{-8}T^2+1.31\times10^{-12}T^3)$$

$$+\frac{200\,mol}{s}(36.1\times10^{-3}+4.23\times10^{-5}T-2.89\times10^{-8}T^2+7.46\times10^{-12}T^3)$$

$$= 25.7 + 2.79 \times 10^{-2} T - 1.64 \times 10^{-5} T^2 + 3.86 \times 10^{-9} T^3 \,(kJ/s \bullet ℃)$$

$$\Delta \dot{H}_{2,\, outlet\, gases} = \int_{25℃}^{200℃} \left(\sum_{outlet\, gases} \dot{n}_i \hat{C}_{p,i} \right) dT$$

$$= \int_{25℃}^{200℃} (25.7 + 2.79 \times 10^{-2} T - 1.64 \times 10^{-5} T^2 + 3.86 \times 10^{-9} T^3) dT$$

$$= 4987\, kJ/s$$

< H_2O >

* 유출흐름의 온도가 200℃이므로 H_2O는 액체가 아닌 기체 상태임. 25℃에서 표준 반응식의 경우 반응에 의해서 생성된 H_2O는 액체이므로, 유출흐름의 기체 H_2O의 에너지 계산을 위해서 100℃에서 H_2O의 증발열, $\Delta \hat{H}_v$ (100℃)을 고려해야 한다.

$$\Delta \dot{H}_{2,\, H_2O} = \frac{250\, mol}{s} \left[\int_{25℃}^{100℃} \hat{C}_{p,\, H_2O(l)} dT + \Delta \hat{H}_{v,\, H_2O}(100℃) + \int_{100℃}^{200℃} \hat{C}_{p,\, H_2O(g)} dT \right]$$

$$= \frac{250\, mol}{s} \left[\int_{25℃}^{100℃} (75.4 \times 10^{-3}) dT + 41 \right.$$

$$\left. + \int_{100℃}^{200℃} (33.5 \times 10^{-3} + 0.688 \times 10^{-5} T + 0.76 \times 10^{-8} T^2 - 3.59 \times 10^{-12} T^3) dT \right]$$

$$= \frac{250\, mol}{s} (5.66 + 41 + 3.47)$$

$$= 12532\, kJ/s$$

< $\Delta\dot{H}_2$ >

$$\Delta\dot{H}_2 = \Delta\dot{H}_{2,\,outlet\,gases} + \Delta\dot{H}_{2,\,H_2O}$$
$$= (4{,}987 + 12{,}532)\,kJ/s = 17519\,kJ/s$$

● 전체 에너지 수지 계산

$$\dot{Q} = \Delta\dot{H} = \dot{H}_{outlet} - \dot{H}_{inlet}$$
$$= \Delta\dot{H}_1 + \dot{\xi}\,\Delta\hat{H}_r^{\circ} + \Delta\dot{H}_2$$
$$= -846.5 + 50(-2878.3) + 17{,}519$$
$$= -127243\,kJ/s$$

② 일반식 ($\hat{H}_i = \Delta\hat{H}_{f,i}^{\circ} + \int_{25℃}^{T}\hat{C}_i\,dT$)을 이용

Component	표준생성열 $\Delta\hat{H}_f^{\circ}$ (kJ/mol)	Inlet, 50℃		Outlet, 200℃	
		mol/s	kJ/mol	mol/s	kJ/mol
nC_4H_{10} (g)	-124.7	100	$\hat{H}_1$	50	$\hat{H}_3$
O_2	0	800	$\hat{H}_2$	475	$\hat{H}_4$
H_2O (g)	-241.8			250	$\hat{H}_5$
CO_2	-393.5			200	$\hat{H}_6$

● 엔탈피 기준 ($\hat{H} = 0$): 25℃의 원소들 (elements)

$$\int_{25}^{50}\hat{C}_{P,\,nC_4H_{10}(g)}\,dT$$
$$= \int_{25}^{50}(92.3\times10^{-3} + 27.9\times10^{-5}\,T(℃) - 15.5\times10^{-8}\,T(℃)^2 + 35.0\times10^{-12}\,T(℃)^3)\,dT$$
$= 2.56$ kJ/mol

$$\hat{H}_1 = -124.7 + 2.56 = -122.14\,kJ/mol$$

$$\int_{25}^{50} \hat{C}_{P,\,O_2(g)}\,dT$$
$$= \int_{25}^{50} (29.1\times10^{-3} + 1.16\times10^{-5}\,T(℃) - 0.608\times10^{-8}\,T(℃)^2 + 1.31\times10^{-12}\,T(℃)^3)\,dT$$

= 0.74 kJ/mol

$$\widehat{H}_2 = 0 + 0.74 = 0.74\,kJ/mol$$

$$\int_{25}^{200} \hat{C}_{P,\,nC_4H_{10}(g)}\,dT$$
$$= \int_{25}^{200} (92.3\times10^{-3} + 27.9\times10^{-5}\,T(℃) - 15.5\times10^{-8}\,T(℃)^2 + 35.0\times10^{-12}\,T(℃)^3)\,dT$$

= 21.2 kJ/mol

$$\widehat{H}_3 = -124.7 + 21.2 = -103.5\,kJ/mol$$

$$\int_{25}^{200} \hat{C}_{P,\,O_2(g)}\,dT$$
$$= \int_{25}^{200} (29.1\times10^{-3} + 1.16\times10^{-5}\,T(℃) - 0.608\times10^{-8}\,T(℃)^2 + 1.31\times10^{-12}\,T(℃)^3)\,dT$$

= 5.31 kJ/mol

$$\widehat{H}_4 = 0 + 5.31 = 5.31\,kJ/mol$$

$$\int_{25}^{200} \hat{C}_{P,\,H_2O(g)}\,dT$$
$$= \int_{25}^{200} (33.5\times10^{-3} + 0.688\times10^{-5}\,T(℃) + 0.76\times10^{-8}\,T(℃)^2 - 3.59\times10^{-12}\,T(℃)^3)\,dT$$

$= \ 6.0\ \text{kJ/mol}$

$$\widehat{H}_5 = -241.8 + 6.0 = -235.8\,kJ/mol$$

$$\int_{25}^{200} \widehat{C}_{P,\,CO_2(g)}\,dT$$
$$= \int_{25}^{200} (36.1\times10^{-3} + 4.23\times10^{-5}\,T(℃) - 2.89\times10^{-8}\,T(℃)^2 + 7.46\times10^{-12}\,T(℃)^3)\,dT$$

$= 7.1\ \text{kJ/mol}$

$$\widehat{H}_6 = -393.5 + 7.1 = -386.4\,kJ/mol$$

Component	표준생성열 $\Delta\widehat{H}_f^\circ$ (kJ/mol)	Inlet, 50℃		Outlet, 200℃	
		mol/s	kJ/mol	mol/s	kJ/mol
nC_4H_{10} (g)	-124.7	100	-122.14	50	-103.5
O_2	0	800	0.74	475	5.31
H_2O (g)	-241.8			250	-235.8
CO_2	-393.5			200	-386.4

$$\dot{H}_{outlet} = \sum n_i \widehat{H}_i = 50\widehat{H}_3 + 475\widehat{H}_4 + 250\widehat{H}_5 + 200\widehat{H}_6 = \text{-138882 kJ/s}$$

$$\dot{H}_{inlet} = \sum n_i \widehat{H}_i = 100\widehat{H}_1 + 800\,\widehat{H}_2 = \text{-11622 kJ/s}$$

$$\dot{Q} = \Delta\dot{H} = \dot{H}_{outlet} - \dot{H}_{inlet} = \text{-138882 - (-11622) = -127260 kJ/s}$$

※ 방법 ①의 결과 ($\dot{Q} = -127243\,kJ/s$)와 거의 같은 값을 얻었다.

※ 일반식을 이용한 에너지 수지 계산방법이 더 간편하다.

(예제) 복수 화학반응의 에너지 수지

연속반응기에서 toluene ($C_6H_5CH_3$)과 O_2가 반응해서 benzaldehyde (C_6H_5CHO)가 생성된다. Toluene vapor (100 mol/h)와 O_2 (200 mol/h)의 유입온도는 200℃이고 유출온도는 300℃이다. 유출흐름에는 미반응한 toluene, benzaldehyde, H_2O (v), O_2 (150 mol/h), 그리고 CO_2 (10 mol/h)를 포함하고 있다.

① 유출흐름에 포함되어 있는 미반응 toluene (n_1), benzaldehyde (n_2), H_2O vapor (n_3)의 몰유량 (mol/h)을 구하시오.
② 필요한 열에너지의 양 (kJ/s)을 계산하시오.

Toluene과 benzaldehyde 기체의 비열 (specific heat capacity)은 0.13 kJ/(mol·K)라고 가정한다.

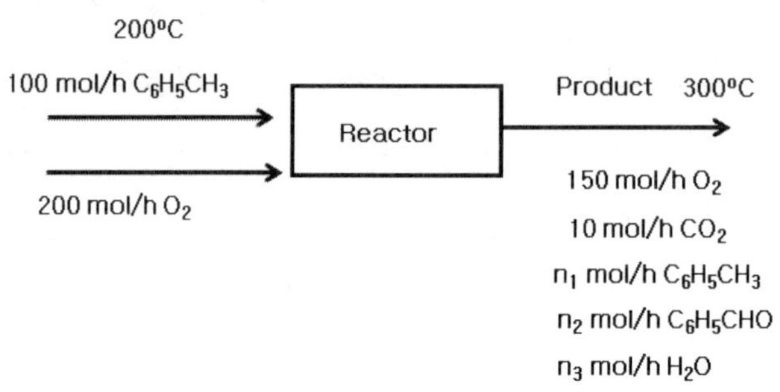

(풀이)

①

원자종류에 대한 물질수지식

C-balance: $7 \times 100 = 7\ n_1 + 7\ n_2 + 10$

H-balance: $8 \times 100 = 8\ n_1 + 6\ n_2 + 2\ n_3$

O-balance: $2 \times 200 = n_2 + n_3 + 2 \times 150 + 2 \times 10$

위의 세 식을 풀이하면, n_1 = 61.43 mol/s, n_2 = 37.14 mol/s, n_3 = 42.86 mol/s

②

gas	$\Delta \widehat{H}^{\circ}_{f,i}$ kJ/mol	Inlet (200℃)		Outlet (300℃)	
		mol/s	specific enthalpy	mol/s	specific enthalpy
$C_6H_5CH_3$	50	100	$\widehat{H}_1$	61.43	$\widehat{H}_3$
O_2	0	200	$\widehat{H}_2$	150	$\widehat{H}_4$
C_6H_5CHO	-40.0	0		37.14	$\widehat{H}_5$
H_2O	-241.8	0		42.86	$\widehat{H}_6$
CO_2	-393.5	0		10	$\widehat{H}_7$

$$\widehat{H}_i = \Delta \widehat{H}^{\circ}_{f,i} + \int_{25℃}^{T} \widehat{C}_i dT$$

$$\widehat{H}_1 = 50 + 0.13(200 - 25) = 72.75\, kJ/mol$$

$$\widehat{H}_2 = 0 + \int_{25}^{200} (29.1\times10^{-3} + 1.16\times10^{-5}T - 0.608\times10^{-8}T^2 + 1.31\times10^{-12}T^3)dT = 5.31$$

kJ/mol

$$\widehat{H}_3 = 50 + 0.13(300 - 25) = 85.75\, kJ/mol$$

$$\widehat{H}_4 = 0 +$$

$$\int_{25}^{300} (29.1\times10^{-3} + 1.16\times10^{-5}T - 0.608\times10^{-8}T^2 + 1.31\times10^{-12}T^3)dT = 8.43 \text{ kJ/mol}$$

$$\widehat{H}_5 = -40.0 + 0.13(300 - 25) = -4.29\, kJ/mol$$

$$\widehat{H}_6 = -241.8 +$$

$$\int_{25℃}^{300℃}(33.5\times10^{-3}+0.688\times10^{-5}T+0.76\times10^{-8}T^2-3.59\times10^{-12}T^3)dT] =$$

-241.8 + 9.57 = -232.23 kJ/mol

$$\widehat{H}_7= -393.5 +$$

$$\int_{25}^{300}(36.1\times10^{-3}+4.23\times10^{-5}T-2.89\times10^{-8}T^2+7.46\times10^{-12}T^3)dT$$

= -393.5 + 11.58 = -381.92 kJ/mol

$$\dot{Q}=\Delta\dot{H}=\dot{H}_{outlet}-\dot{H}_{inlet}=\sum_{outlet}n_i\widehat{H}_i-\sum_{inlet}n_i\widehat{H}_i$$

= [61.43x85.73 + 150x8.43 + 37.14x(-4.29) + 42.86x(-232.26) + 10x(-381.92)] - [100x72.75 + 200x5.31] = -15738 kJ/h = -4.371 kJ/s (kW)

(예제) 복잡한 화학반응의 에너지 수지

Ethane (C_2H_6)을 공기로 연소시키는 반응에서 일산화탄소 (CO)를 생성하는 불완전 산화반응과 이산화탄소 (CO_2)를 생성하는 완전산화 반응이 동시에 일어난다. Ethane은 100% 산화하며, 유입기체혼합물의 조성 (mol%)은 5% C_2H_6, 20% O_2, 75% N_2이다. 또한 생성물질 중 이산화탄소와 일산화탄소의 mol는 4이다. 유입기체의 온도는 모두 50℃이며, 유출기체의 온도는 150℃일 때 반응기의 열전달 속도를 kW단위로 구하시오. 유입기체의 흐름속도는 100 mol/s이다.

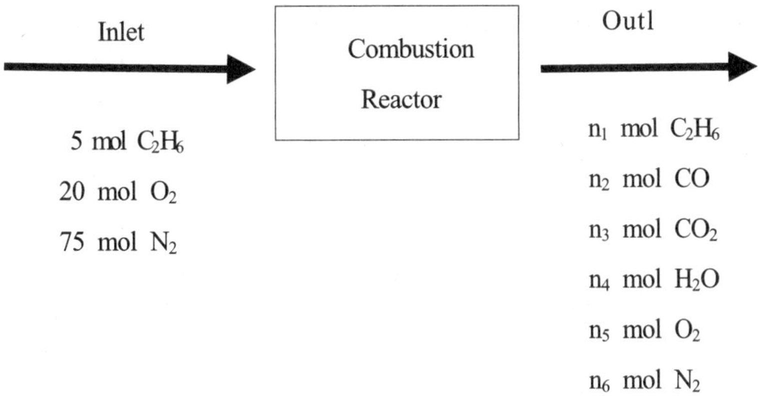

(풀이)

계산기준 (Basis): 100 mol Feed

Feed stream의 ethane이 100% 반응하므로 유출 흐름의 ethane의 양 n_1은 0 mol이다. 또한 생성물질 중 이산화탄소와 일산화탄소의 몰 비는 4이므로 $n_3 = 4n_2$이다.

① 물질수지 계산: 원자종류에 대한 수지식

C-balance: $2x5 = 2n_1 + n_2 + n_3 = n_2 + n_3$

H-balance: $6x5 = 6\ n_1 + 2\ n_4 = 2\ n_4$

O-balance: $2x20 = n_2 + 2n_3 + n_4 + 2\ n_5$

N-balance: $2x75 = 2n_6$

$n_3 = 4n_2$

위의 식들을 풀이하면,

Component	유출속도 (n_i)	mol	mol%
C_2H_6	n_1	0	0
CO	n_2	2	1.93
CO_2	n_3	8	7.73
H_2O	n_4	15	14.50
O_2	n_5	3.5	3.38
N_2	n_6	75	72.46
Total	Σn_i	103.5	100

① 에너지 수지 계산:

이 공정에서 화학반응식을 알 필요가 없다. 각 물질의 비엔탈피는 다음과 같이 각 물질의 표준생성열, 증발열, 열용량 데이터로부터 구한다.

Component	표준생성열 $\Delta\hat{H}^\circ_{f,i}$ (kJ/mol)	Heat Capacity Coefficients (kJ/mol-℃)			
		$a\times10^3$	$b\times10^5$	$c\times10^8$	$d\times10^{12}$
C_2H_6	-84.7	49.4	13.9	-5.82	7.28
CO	-110.5	29.0	0.411	0.355	-2.22
CO_2	-393.5	36.1	4.23	-2.89	7.46
H_2O (g)	-241.8	33.5	0.688	0.760	-3.59
O_2	0	29.1	1.15	-0.607	1.31
N_2	0	29.0	0.220	0.572	-2.87

$$\hat{C}_p = a + bT + cT^2 + dT^3$$

각 화합물의 엔탈피는 다음의 일반식으로부터 계산한다.

$$\hat{H}_i = \Delta\hat{H}^\circ_{f,i} + \int_{25℃}^{T℃} \hat{C}_{p,i}\, dT$$

Component	Inlet at 50℃		Outlet at 150℃	
	n_i (mol)	$\widehat{H}_i$	n_i (mol)	$\widehat{H}_i$
C_2H_6	5	$\widehat{H}_1$	0	-
CO	0	-	2	$\widehat{H}_4$
CO_2	0	-	8	$\widehat{H}_5$
H_2O	0	-	15	$\widehat{H}_6$
O_2	20	$\widehat{H}_2$	3.5	$\widehat{H}_7$
N_2	75	$\widehat{H}_3$	75	$\widehat{H}_8$

- 도입기체의 엔탈피

$$\widehat{H}_1 = \Delta \widehat{H}^\circ_{f,C_2H_6} + \int_{25℃}^{50℃} \widehat{C}_{p,C_2H_6} dT$$

$$= -84.7 + \int_{25℃}^{50℃} (49.4\times10^{-3} + 13.9\times10^{-5}T - 5.82\times10^{-8}T^2 + 7.28\times10^{-12}T^3) dT$$

= - 83.3 kJ/mol

$$\widehat{H}_2 = \Delta \widehat{H}^\circ_{f,O_2} + \int_{25℃}^{50℃} \widehat{C}_{p,O_2} dT$$

$$= 0 + \int_{25℃}^{50℃} (29.1\times10^{-3} + 1.16\times10^{-5}T - 0.608\times10^{-8}T^2 + 1.31\times10^{-12}T^3) dT$$

= 0.738 kJ/mol

$$\widehat{H}_3 = \Delta \widehat{H}^\circ_{f,N_2} + \int_{25℃}^{50℃} \widehat{C}_{p,N_2} dT$$

$$= 0 + \int_{25℃}^{50℃} (29.0 \times 10^{-3} + 0.22 \times 10^{-5} T + 0.572 \times 10^{-8} T^2 - 2.87 \times 10^{-12} T^3) dT$$

= 0.727 kJ/mol

● 유출기체의 엔탈피

$$\widehat{H}_4 = \Delta \widehat{H}^{\circ}_{f,CO} + \int_{25℃}^{150℃} \widehat{C}_{p,CO} dT$$

$$= -110.5 + \int_{25℃}^{150℃} (29.0 \times 10^{-3} + 0.411 \times 10^{-5} T + 0.355 \times 10^{-8} T^2 - 2.22 \times 10^{-12} T^3) dT$$

= -106.8 kJ/mol

$$\widehat{H}_5 = \Delta \widehat{H}^{\circ}_{f,CO_2} + \int_{25℃}^{150℃} \widehat{C}_{p,CO_2} dT$$

$$= -393.5 + \int_{25℃}^{150℃} (36.1 \times 10^{-3} + 4.23 \times 10^{-5} T - 2.89 \times 10^{-8} T^2 + 7.46 \times 10^{-12} T^3) dT$$

= -388.6 kJ/mol

$$\widehat{H}_6 = \Delta \widehat{H}^{\circ}_{f,H_2O(g)} + \int_{25℃}^{150℃} \widehat{C}_{p,H_2O(g)} dT$$

$$= -241.8 + \int_{25℃}^{150℃} (33.5 \times 10^{-3} + 0.688 \times 10^{-5} T + 0.76 \times 10^{-8} T^2 - 3.59 \times 10^{-12} T^3) dT$$

= -237.5 kJ/mol

$$\widehat{H}_7 = \Delta \widehat{H}^{\circ}_{f,O_2} + \int_{25℃}^{150℃} \widehat{C}_{p,O_2} dT$$

$$= 0 + \int_{25℃}^{150℃} (29.1\times10^{-3} + 1.16\times10^{-5}T - 0.608\times10^{-8}T^2 + 1.31\times10^{-12}T^3)dT$$

$= 3.76$ kJ/mol

$$\widehat{H}_8 = \Delta \widehat{H}^{\circ}_{f,N_2} + \int_{25℃}^{150℃} \widehat{C}_{p,N_2} dT$$

$$= 0 + \int_{25℃}^{150℃} (29.0\times10^{-3} + 0.22\times10^{-5}T + 0.572\times10^{-8}T^2 - 2.87\times10^{-12}T^3)dT$$

$= 3.66$ kJ/mol

각 물질의 엔탈피 값들은 대입하면,

Component	Inlet			Outlet		
	n_i (mol)	$\widehat{H}_i$	$n_i\widehat{H}_i$	n_i (mol)	$\widehat{H}_i$	$n_i\widehat{H}_i$
C_2H_6	5	-83.3	-416.5	0		
CO	0			2	-106.8	-213.6
CO_2	0			8	-388.6	-3109
H_2O	0			15	-237.5	-3563
O_2	20	0.738	14.76	3.5	3.76	13.16
N_2	75	0.727	54.53	75	3.66	274.5
Total		$\dot{H}_{inlet}$ =	-347.2		$\dot{H}_{outlet}$ =	-6598

$$\dot{H}_{inlet} = \sum_{inlet} n_i \widehat{H}_i \qquad \dot{H}_{outlet} = \sum_{outlet} n_i \widehat{H}_i$$

● 총 에너지수지 계산

$$\Delta \dot{H} = \dot{Q} = \dot{H}_{outlet} - \dot{H}_{inlet} = -6598 - (-347.2) \approx -6251\, kJ/s$$

제10장

특수공정에 대한 에너지 계산

10.1 수용액에서 산-알칼리 반응에 대한 에너지 계산

1) 표준용액생성열

(Standard Heat of Formation of Solution, $(\Delta \hat{H}_f^\circ)_{solution}$)

- 표준용액생성열 ($(\Delta \hat{H}_f^\circ)_{solution}$): 25℃, 1 atm에서 산용액 또는 알칼리용액과 기준물질들 사이의 엔탈피 차이

- 표준용액생성열의 기준물질: 1 mol의 산 또는 알칼리 용질의 구성 원소들과 r mol의 용매분자

- 표준용액생성열 계산: 산 또는 알칼리 용질의 표준생성열 ($(\Delta \hat{H}_f^\circ)_{solute}$)과 용질과 용매의 혼합에 따른 표준용액열 ($\Delta \hat{H}_s^\circ (r)$)의 합

$$(\Delta \hat{H}_f^\circ)_{solution} = (\Delta \hat{H}_f^\circ)_{solute} + \Delta \hat{H}_s^\circ (r)$$

2) 산-알칼리 수용액 사이의 적정반응 (Titration)에 대한 에너지 수지

(1) 반응하는 산용액, 알칼리용액, 생성된 염(salt)용액의 25℃에서 표준용액 생성열을 구한다.

$$(\Delta \hat{H}_f^\circ)_{solution\,i} = (\Delta \hat{H}_f^\circ)_{solute\,i} + \Delta \hat{H}_s^\circ (r_i)$$

r_i = 각 산, 알칼리, 염 (salt) 용액의 1 mol 용질과 물의 혼합몰비

(2) 각 용액의 표준용액생성열에 각 용액의 온도 T_i까지의 현열을 더한다.

$$\Delta \hat{H}_{solution\,i}(T_i) = (\Delta \hat{H}_f^\circ)_{solution\,i} + \int_{25℃}^{T_i ℃} (1+r_i)\hat{C}_{p,\,solution\,i})\,dT$$

(3) 공정에 유입되는 산용액과 알칼리 용액들의 엔탈피의 합을 계산한다.

$$\dot{H}_{inlet} = \sum_{inlet} \dot{n}_i \Delta \hat{H}_{solution\,i}(T_i)`$$

$\dot{n}_i$ = 반응하는 산과 알칼리 용질의 몰수 (혼합용액의 전체몰수가 아님)

(4) 공정으로부터 유출 용액인 염 용액들의 엔탈피의 합과 중화반응에 의해서 추가로 생성된 H_2O (l)의 표준생성열을 더한다.

$$\dot{H}_{outlet} = \sum_{outlet} \dot{n}_i \Delta \hat{H}_{solution\,i}(T_i) + \dot{n}_{H_2O} \Delta \hat{H}_{f,\,H_2O}^\circ (25℃)$$

$\dot{n}_i$ = 중화반응에 의해서 생성된 염 (salt)의 몰수

$\dot{n}_{H_2O}$ = 중화반응에 의해서 추가로 생성된 H_2O(l)의 몰수

(5) 최종적으로 공정의 엔탈피 변화 값을 구한다.

$$\Delta \dot{H} = \dot{H}_{outlet} - \dot{H}_{inlet}$$

3) 반응계의 엔탈피 계산 요약

(1) 순수한 물질, 기체혼합물, 또는 이상용액의 성분물질

- 표준용액열 $(\Delta \hat{H}_s^{\circ}(r)) = 0$
- 온도 T에서 비엔탈피 = 25℃ 표준생성열 + 증발열 + 현열 (Sensible Heat)

$$\hat{H}_i = \Delta \hat{H}_{f,i}^{\circ} + \int_{25℃}^{T_b} \hat{C}_{p,i}(l)dT + \Delta \hat{H}_{vap,i}(T_b) + \int_{T_b}^{T} \hat{C}_{p,i}(g)dT$$

- 엔탈피 계산의 기준물질: 25℃에서 각 물질을 구성하는 원소들

(2) 산소분자, 수소분자와 같이 단원자 분자인 기체원소

- 표준생성열 $(\Delta \hat{H}_{f,i}^{\circ}) = 0$
- 기체원소들의 비엔탈피 = 현열 (Sensible Heat)

$$\hat{H}_i = \int_{25℃}^{T} \hat{C}_{p,i}(g)dT$$

(3) 강산 수용액 및 강알칼리 수용액과 같은 비이상용액

● 표준용액열 $(\Delta \hat{H}_s^\circ (r)) \neq 0$

● 비이상용액의 엔탈피 = 표준용액생성열 + 용액의 현열

$$(\Delta \hat{H}_f^\circ)_{solution} = (\Delta \hat{H}_f^\circ)_{solute} + \Delta \hat{H}_s^\circ (r)$$

$$\Delta \hat{H}_{solution}(T) = (\Delta \hat{H}_f^\circ)_{solution} + \int_{25℃}^{T℃} (1+r)\hat{C}_{solution}\, dT$$

● 기준물질: 25℃에서 1 mol의 용질을 구성하는 원소들과 1 mol의 용질과 혼합되는 r mol의 물 분자

(예제) 표준 용액생성열

10 mass% H_2SO_4 용액의 표준용액생성열 $(\Delta \hat{H}_f^\circ)_{solution}$을 계산하시오.

(풀이)

계산기준 (Basis): 10 mass% H_2SO_4 용액 1000 g

Component	molecular weight	mass (g)	mol	ratio
H_2SO_4	98	100	1.02	1
H_2O	18	900	50	49

r = 50.0/1.02 = 49 mol H_2O/mol H_2SO_4

$$(\Delta \hat{H}_f^\circ)_{solution} = (\Delta \hat{H}_f^\circ)_{H_2SO_4} + \Delta \hat{H}_s^\circ\ (r = 49)$$

$$= -811.3 - 73.3 = -884.6 \text{ kJ/mol } H_2SO_4$$

(예제) 표준 용액생성열

20 mass% NaOH 용액의 표준 용액생성열 $(\Delta \hat{H}_f)_{solution}$을 계산하시오.

(풀이)

계산기준 (Basis): 20 mass% NaOH 용액 1,000 g

Component	molecular weight	mass (g)	mol	ratio
NaOH	40	200	200/40 = 5	1
H_2O	18	800	800/18 = 44.4	44.4/5=8.9

r = 44.4/5 = 8.9 mol H_2O/mol NaOH

$$(\Delta \hat{H}_f^\circ)_{solution} = (\Delta \hat{H}_f^\circ)_{NaOH} + \Delta \hat{H}_s^\circ\ (r = 8.9)$$

$$= -426.6 - 41.5 = -468.1 \text{ kJ/mol NaOH}$$

(예제) 표준온도 (25℃)에서 산-알칼리 적정반응의 에너지 수지

10 mass% HCl 수용액이 10 mass% NaOH 수용액으로 적정된다.

① 각 산과 알칼리 수용액의 표준용액생성열 (kJ/mol)을 구하시오.
② 적정반응에 대한 표준반응열 (kJ/mol)을 구하시오.
③ 10 mass% HCl 수용액 1 kg을 표준온도 25℃에서 적정할 때 필요한 열에너지 양 (kJ)을 계산하시오.

(풀이)

계산기준: 10 mass% HCl 수용액 1 kg

·10 mass% HCl 수용액: 1000 g x 0.1 / 36.5 = 2.74 mol HCl
1000 g x 0.9 / 18 = 50 mol H_2O
r = H_2O mol/HCl mol = 50/2.74 = 18.2

·중화반응에 필요한 NaOH의 양 = 2.74 x 1 = 2.74 mol
= 2.74 x 40 = 109.6 g

● 10 mass% NaOH에 포함된 H_2O의 양 = 109.6 x 90/10

= 986.4 g (54.8 mol)

r = H_2O mol/NaOH mol = 54.8/2.74 = 20

① 단위: kJ/mol

물질	표준생성열 $\Delta \hat{H}_f^\circ$	표준용액열 $\Delta \hat{H}_s^\circ (r)$	표준 용액생성열 $(\Delta \hat{H}_f^\circ)_{solution}$
HCl	-92.31	$\Delta \hat{H}_s^\circ (r = 18.2)$ = -71.32	-163.63
NaOH	-426.6	$\Delta \hat{H}_s^\circ (r = 20)$= -42.84	-469.44
NaCl (c)	-411	0	-411
H_2O (l)	-285.8	-	

② 적정반응: HCl + NaOH = NaCl + H_2O

$\Delta \widehat{H_r^o} = \sum \nu_i \Delta \hat{H}_{f,i}^o = -411 + (-285.8) - (-163.63) - (-469.44)$=-63.75 kJ/mol

③ 반응진행도 ξ = 2.74 mol

반응물과 생성물의 온도가 모두 표준온도 (25℃)이므로 현열은 없다.

$$Q = \xi \Delta \hat{H}_r^o (25℃) = 2.74\,mol \times \frac{-63.75\,kJ}{mol} = -174.7\,kJ$$

생성용액의 온도를 25℃로 유지하기 위해서 174.7 kJ의 열에너지를 제거해야한다.

(예제) 산-알칼리 단열적정반응

20 mass% H_2SO_4 수용액 1 kg이 5 mass% NaOH 수용액으로 적정된다. 두 수용액의 온도는 모두 25℃이다. 생성된 수용액의 열용량은 물의 열용량 ($\hat{C}_p = 4.2\,kJ/(kg \cdot K)$)

과 같다고 가정한다.

① 적정에 필요한 5 mass% NaOH용액의 질량 (kg)을 구하시오.
② 20 mass% H_2SO_4 수용액과 5 mass% NaOH 수용액의 표준용액생성열 (kJ/mol)을 구하시오.
③ 적정반응에 대한 표준반응열 (kJ/mol)을 계산하시오.
④ 적정반응이 단열에서 일어날 경우 생성물의 온도 (T_{ad}, ℃)를 계산하시오.

(풀이)

① 계산기준: 20 mass% H_2SO_4 수용액 1 kg

● 중화반응:

$$H_2SO_4\ (20\%\ aq) + 2\ NaOH\ (5\%\ aq) \rightarrow Na_2SO_4\ (aq) + 2H_2O\ (l)$$

● 20 mass% H_2SO_4 수용액 1 kg: 1000 g x 0.2 / 98 = 2.04 mol H_2SO_4

1000 g x 0.8 / 18 = 44.4 mol H_2O

r = H_2O mol/H_2SO_4 mol = 44.4/2.04 = 22

● 중화반응에 필요한 NaOH의 양 = 2.04 x 2 = 4.08 mol

= 4.08 x 40 = 163.2 g

● 5 mass% NaOH에 포함된 H_2O의 양

= 163.2 x 95/5 = 3100.8 g (172.3 mol)

r = H_2O mol/NaOH mol = 172.3/4.08 = 42.2

● 5 mass% NaOH 수용액의 질량 = 163.2 + 3100.8 = 3.264 kg

② 표준 용액생성열 $(\Delta \hat{H}_f)_{solution}$

물질	표준생성열 $\Delta \hat{H}_f^\circ$	표준용액열 $\Delta \hat{H}_s^\circ(r)$	표준 용액생성열 $(\Delta \hat{H}_f^\circ)_{solution}$
H_2SO_4	-811.3	$\Delta \hat{H}_s^\circ(r=22)$ = -71.3	-882.6
NaOH	-426.6	$\Delta \hat{H}_s^\circ(r=42.2)$= -41.6	-468.2
Na_2SO_4	-1,384.5	0	
H_2O (l)	-285.8	-	

비엔탈피의 단위: (kJ/mol)

※ 강산과 강알칼리의 적정반응에 의해서 생성된 염 Na_2SO_4의 경우 표준용액열, $\Delta \hat{H}_s^\circ(r)$은 0라고 가정한다.

③ Standard heat of reaction (kJ/mol)

$$\Delta \widehat{H_r^o} = \sum \nu_i \Delta \hat{H}_{f,i}^o = 2(-285.8) + (-1384.5) - (-882.6) - 2(-468.2) =$$

$$= -137.1 \text{ kJ/mol}$$

반응진행도 ξ = 2.04 mol

④ 단열적정반응

$$Q = 0 = \xi \Delta \hat{H}_r^o(25℃) + m\,\hat{C}_{p,\,solution}(T_{ad} - 25℃)$$

$$= 2.04\,mol \times (-137.1\,kJ/mol) + \frac{4.2\,kJ}{kg \cdot ℃} \times 4.264\,kg \times (T_{ad} - 25)℃$$

$$= -280 + 17.9\ (T_{ad} - 25)$$

T_{ad} = 25 + 280/17.9 = 40.6℃

(예제) 산-알칼리 적정반응의 에너지 수지

10 mass%인 황산용액 (H_2SO_4) 1 kg/min 이 10 mass%인 NaOH 수용액으로 중화되어 sodium sulfate가 생성된다. 공정의 모든 물질의 온도가 40℃일 때 공정에 전달되어야 되는 열에너지 흐름양을 구하라. 모든 수용액의 열용량은 물의 열용량 ($\hat{C}_p = 4.2\,J/(g \cdot K)$)과 같다고 가정한다.

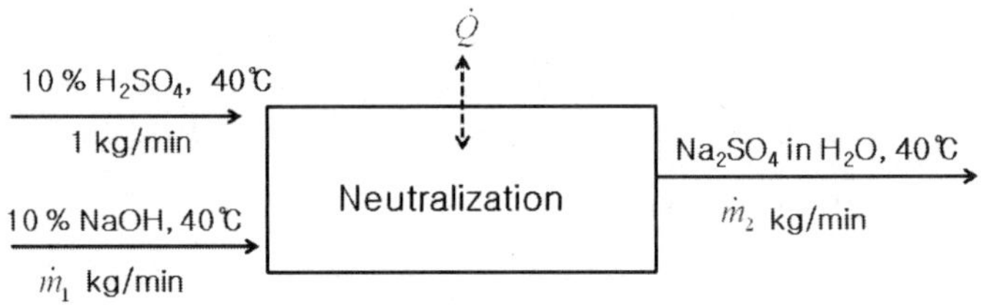

중화반응:

H_2SO_4 (aq, 10%) + 2 NaOH (aq, 10%) → Na_2SO_4 (aq) + $2H_2O$ (l)

(풀이)

(1) 물질수지

계산기준 (Basis): 1 kg H_2SO_4 (10 mass%)/min

① H_2SO_4 (10%) 용액

Component	MW	g/min	mol/min
H_2SO_4	98	100	100/98 = 1.02
H_2O	18	900	900/18 = 50

r = 50/1.02 = 49 mol H_2O/mol H_2SO_4

② NaOH (10 mass%) 용액

반응식에 의하면 1.02 mol의 H_2SO_4에 대해서 2.04 mol의 NaOH가 필요하므로 다음과 같은 결과가 얻어진다.

Component	MW	g/min	mol/min
NaOH	39	2.04x39 = 79.56	1.02x2 = 2.04
H_2O	18	79.56x90/10 = 716.04	716.04/18 = 39.78

r = 39.78/2.04 = 19.5 mol H_2O/mol NaOH

따라서 NaOH (10%) 용액의 질량흐름속도는

$$\dot{m}_1 = 79.56 + 716.04 = 795.6\, g/\mathrm{min}$$

공정에 유입되는 총유량은 1795.6 g/min이다.

③ Na_2SO_4 용액

반응식에 의하면 1.02 mol의 H_2SO_4에 대해서 1.02 mol의 Na_2SO_4가 생성된다. H_2O의 경우 산 수용액과 알칼리 수용액을 통해서 공정에 입력된 양과 반응에 의해서 생성된 2.04 mol/min가 공정 유출흐름에 존재한다. 따라서 공정 유출흐름은 다음과 같은 성분을 가진다.

Component	MW	g/min	mol/min
Na_2SO_4	140	1.02x140 =142.8	1.02
H_2O	18	91.82x18 = 1652.76	50+39.78+2.04 = 91.82

따라서 공정으로부터 유출되는 Na_2SO_4 용액의 흐름속도는

$$\dot{m}_2 = 142.8 + 1652.76 = 1795.56\,g/\mathrm{min} \approx 1795.6\,g/\mathrm{min}$$

공정에 유입되는 모든 물질의 총 흐름속도와 유출되는 모든 물질의 총 흐름속도는 동일하므로 물질수지식이 올바로 계산되었다는 것을 알 수 있다.

(2) 에너지수지

유입물질과 유출물질의 온도가 표준온도 25℃가 아니므로 각 물질의 현열 (sensible heat)과 표준 용액생성열 $(\Delta \hat{H}_f)_{solution}$을 고려해야 한다.

적정공정의 에너지 수지를 계산하기 위한 도표는 다음과 같다.

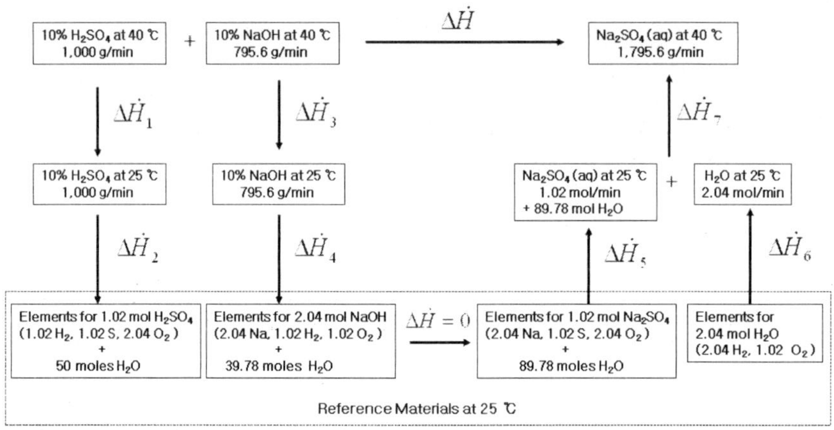

① 표준 용액생성열 $(\Delta \widehat{H}_f)_{solution}$ 계산

물질	표준생성열 $\Delta \widehat{H}_f^\circ$	표준용액열 $\Delta \widehat{H}_s^\circ (r)$	표준 용액생성열 $(\Delta \widehat{H}_f^\circ)_{solution}$
H_2SO_4	-811.3	$\Delta \widehat{H}_s^\circ (r=49)$ = -73.3	-884.6
NaOH	-426.6	$\Delta \widehat{H}_s^\circ (r=19.5)$= -41.5	-468.1
Na_2SO_4	-1,384.5	-	
H_2O (l)	-285.8	-	

비엔탈피의 단위: (kJ/mol)

※강산과 강알칼리의 적정반응에 의해서 생성된 염 Na_2SO_4의 경우 표준용액열, $\Delta \widehat{H}_s^\circ (n)$은 0라고 가정한다.

② 용액엔탈피 값 계산

위 도표의 각 단계에서의 엔탈피 변화 값은 다음 표와 같이 계산한다.

	설명		kJ/min
$\Delta \dot{H}_1$	10% H_2SO_4 수용액의 냉각	$\dot{m}\widehat{C}_p\Delta T = \frac{1000\,g}{\min}\frac{4.2\,J}{g℃}(25-40)℃\frac{1\,kJ}{1000\,J}$	-63
$\Delta \dot{H}_2$	$-(\Delta \widehat{H}_f^o)_{10\%\,H_2SO_4}$	$-\dot{n}_{H_2SO_4}(\Delta \widehat{H}_f^\circ)_{10\%\,H_2SO_4}$= -1.02(-884.6)	902.3
$\Delta \dot{H}_3$	10% NaOH 수용액의 냉각	$\dot{m}\widehat{C}_p\Delta T = \frac{795.6\,g}{\min}\frac{4.2\,J}{g℃}(25-40)℃\frac{1\,kJ}{1000\,J}$	-50.1
$\Delta \dot{H}_4$	$-(\Delta \widehat{H}_f^o)_{10\%\,NaOH}$	$-\dot{n}_{NaOH}(\Delta \widehat{H}_f^\circ)_{10\%\,NaOH}$= -2.04(-468.1)	954.9
$\Delta \dot{H}_5$	Na_2SO_4의 표준생성열	$\dot{n}_{Na_2SO_4}\Delta \widehat{H}_{f,\,Na_2SO_4}^\circ$= 1.02(-1384.5)	-1,412.2
$\Delta \dot{H}_6$	H_2O (l)의 표준생성열	$\dot{n}_{H_2O}\Delta \widehat{H}_{f,\,H_2O(l)}^\circ$= 2.04(-285.8)	-583.0
$\Delta \dot{H}_7$	Na_2SO_4수용액의 가열	$\dot{m}\widehat{C}_p\Delta T = \frac{1795.6\,g}{\min}\frac{4.2\,J}{g℃}(40-25)℃\frac{1\,kJ}{1000\,J}$	113.1
$\Delta \dot{H}$	전체공정의 엔탈피변화	$\Delta \dot{H} = \sum_i \Delta \dot{H}_i$	-138

③ 계산결과

에너지 수지식 $\Delta \dot{H} = \dot{Q}$ 에서 이 적정공정은 -138 kJ/min의 냉각이 필요하다.

10.2 단열반응기와 단열불꽃온도 (Adiabatic Flame Temperature)

단열불꽃온도 = 연소반응기가 단열상태에서 도달할 수 있는 최고온도

단열반응온도 = 일반반응이 단열상태에서 일어날 때의 온도

(예제) 발열반응의 단열불꽃온도

암모니아가 단열된 반응기에서 공기에 의해서 연소된다.

$$2\ NH_3 + 1.5\ O_2 \rightarrow N_2 + 3\ H_2O$$

과잉율 100%인 공기가 유입되고 유입되는 기체의 온도는 25℃일 때 유출되는 기체의 단열불꽃온도 (T_{ad}) 값을 구하라.

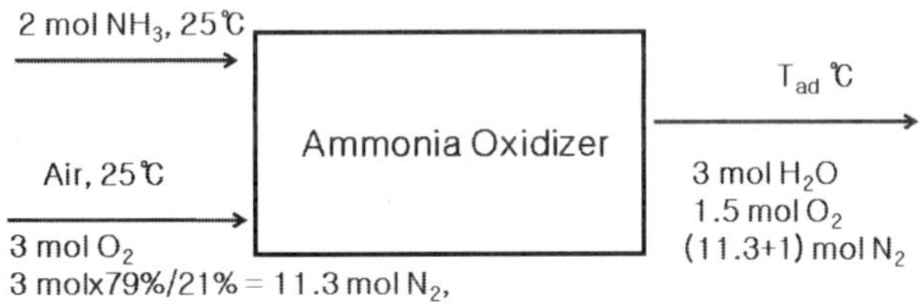

(풀이)

계산 기준: 2 mol NH_3

● 암모니아가 완전히 산화될 경우 물질수지식을 이용해서 공정에 공급되는 기체와 유출되는 기체의 mol수를 계산하면 위의 그림과 같다.

● 표준반응열

$$\Delta \hat{H}_r^o = \sum_i \nu_i \Delta \hat{H}_{f,i}^o = 3(-241.8) - 2(-46.2) = -633 \text{ kJ/mol}$$

● 반응진행도

$$\xi = \frac{\Delta n_i}{\nu_i} = \frac{-2\,mol}{-2} = 1\,mol$$

● 총 에너지수지

$$\Delta \dot{H} = \dot{Q} = 0$$

$$\Delta \dot{H} = 0 = \xi \Delta \hat{H}_r^o + \int_{25℃}^{T_{ad}} \sum_{products} n_i \hat{C}_{p,i} dT$$

$$0 = -633\,kJ/mol + \int_{25℃}^{T_{ad}} (3\,\hat{C}_{p,H_2O(g)} + 1.5\,\hat{C}_{p,\,O_2} + 12.5\,\hat{C}_{p,\,N_2})\,dT$$

$$= -646 + 0.501\,T_{ad} + 3.25\times10^{-5}\,T_{ad}^2 + 2.80\times10^{-8}\,T_{ad}^3 - 11.0\times10^{-12}\,T_{ad}{}^4$$

T_{ad} =1000℃라고 가정하면 위식의 우변값 = -95.4

T_{ad} =1500℃라고 가정하면 위식의 좌변값 = 273

따라서 단열연소온도 (T_{ad})는 1000℃와 1500℃사이 값이다. 위 두 데이터에 대해서 내삽법 (interpolation)을 적용하여 단열연소온도 (T_{ad})를 구한다.

$$T_{ad} = 1{,}000℃ + \frac{1500-1000}{273-(-95.4)}[0-(-95.4)] \approx 1130℃$$

(예제) 흡열반응의 단열반응온도

450℃, 1 atm의 methanol 기체가 탈수소화 (dehydrogenation) 반응을 통해서 formaldehyde가 생성된다. 이 반응이 단열반응기에서 일어나고 methanol의 전환율이 20%일 때, 반응 후 반응기의 단열반응온도 (T_{ad})를 구하시오.

반응식: $CH_3OH(g) \rightarrow HCHO(g) + H_2(g)$

(풀이)

계산 기준: 1 mol $CH_3OH(g)$

Component	Inlet		Outlet	
	n_i	Enthalpy	n_i	Enthalpy
$CH_3OH(g)$	1 mol	$\widehat{H}_1$	0.8 mol	$\widehat{H}_2$
$HCHO(g)$	0		0.2 mol	$\widehat{H}_3$
H_2 (g)	0		0.2 mol	$\widehat{H}_4$

$$\widehat{H}_i = \Delta\widehat{H}^{\circ}_{f,i} + \int_{25℃}^{T} \widehat{C}_{p,i}(g)dT$$

$$\widehat{H}_1 = \Delta\widehat{H}^{\circ}_{f,CH_3OH} + \int_{25℃}^{450℃} \widehat{C}_{p,CH_3OH}(g)dT = -201.2 + 26.06 = -175.1 \text{ kJ/mol}$$

$$\widehat{H}_2 = \Delta\widehat{H}^{\circ}_{f,CH_3OH} + \int_{25℃}^{T_{ad}℃} \widehat{C}_{p,CH_3OH}(g)dT$$

$$\widehat{H}_3 = \Delta\widehat{H}^{\circ}_{f,HCHO} + \int_{25℃}^{T_{ad}℃} \widehat{C}_{p,HCHO}(g)dT$$

$$\widehat{H}_4 = 0 + \int_{25℃}^{T_{ad}℃} \widehat{C}_{p,H_2}(g)dT$$

$$Q = \Delta H = \sum_{outlet} n_i\widehat{H}_i - \sum_{inlet} n_i\widehat{H}_i = 0.8\widehat{H}_2 + 0.2\widehat{H}_3 + 0.2\widehat{H}_4 - \widehat{H}_1 = 0$$

각 기체에 대한 $\widehat{C}_p$식을 위 식에 대입하면,

$$0 = -10.238+46.97\times10^{-3}T_{ad}+3.748\times10^{-5}T_{ad}^{2}-0.477\times10^{-8}T_{ad}^{3}-2.084\times10^{-12}T_{ad}^{4}$$

By trial and error method, T_{ad} = 190℃

※ 탈수소반응은 흡열반응이므로 단열반응이 일어날 경우 반응 후 온도가 반응 전 온도보다 낮아지다.

10.3 연료전지

연료전지는 화합물이 가지고 있는 화학에너지를 열에너지 ($\dot{Q}$) 대신 전기에너지 ($\dot{W}_s$)로 변환하는 에너지 전환 장치.

- 수소연료전지

수소연료전지의 음극 (anode): 수소연료가 산화되어 전자와 수소이온을 발생. 수소연료전지의 양극 (cathode): 수소이온과 전자에 의해서 산소가 환원되어 물을 생성.

각 극에서의 반쪽반응 및 전체반응:

음극 (Anode)반응: $2H_2 \rightarrow 4H+ + 4e^-$

양극 (Cathode)반응: $O_2 + 4H+ + 4e^- \rightarrow 2H_2O$

전체반응: $2H_2 + O_2 \rightarrow 2H_2O$

대표적인 수소연료전지의 간단한 구조

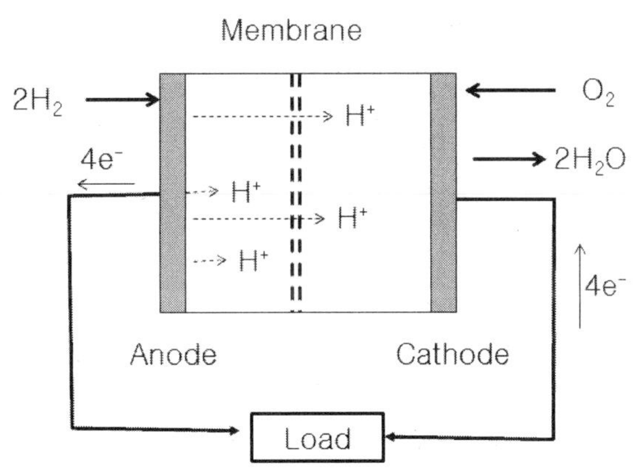

Simple Structure of Hydrogen Fuel Cell

(예제) 수소연료전지의 에너지 수지

연료인 수소와 공기가 25℃에서 수소연료전지로 공급된다. 수소연료전지로부터는 100℃의 반응생성물질이 나오며 수소는 100% 수증기로 전환된다. 수소의 공급 속도가 1 mol/s이고 화학반응식에서 수소의 완전연소에 필요한 양의 산소가 공급될 때 이 수소연료전지로부터 얻을 수 있는 전기에너지의 생성속도를 계산하라. 단 연료전지는 단열이라고 가정한다.

(풀이)

수소연료전지 공정을 다음과 같이 단순하게 나타낸다.

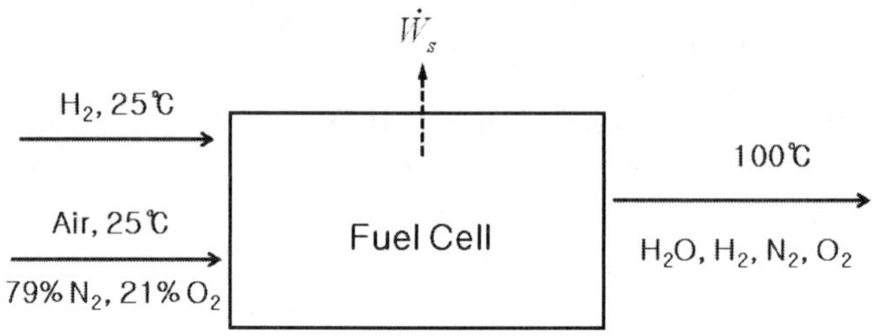

전체반응식: $2H_2 + O_2 \rightarrow 2H_2O$ (g)

① 물질수지

수소의 공급 속도가 1 mol/s이고 완전 연소될 경우 위의 전체반응식에 따라서 입출력 흐름의 물질은 다음 표와 같이 계산된다.

Component	Input rate (mol/s)	Output rate (mol/s)
H_2	1	0
O_2	0.5	0
N_2	0.5x79%/21% = 1.88	1.88
H_2O (g)	0	1

② 에너지수지

화학공정에 적용되는 일반적인 에너지 수지식은 다음과 같다.

$$\Delta\dot{H} = \dot{H}_{outlet} - \dot{H}_{inlet} = \dot{Q} + \dot{W}_s$$

단열공정에서 $\dot{Q} = 0$ 이므로

$$\Delta\dot{H} = \dot{H}_{outlet} - \dot{H}_{inlet} = \dot{W}_s$$

● 표준반응열

이 반응의 표준반응열은 각 물질의 표준생성열로부터 구한다. 이 때 수소분자 및 산소분자는 원소이므로 표준생성열은 0이다. 따라서

$$\begin{aligned}\Delta\hat{H}_r^{\circ} &= \sum_i \nu_i \Delta\hat{H}_{f,i}^{\circ} \\ &= 2\Delta\hat{H}_{f,H_2O(g)}^{\circ} - 2\Delta\hat{H}_{f,H_2}^{\circ} - \Delta\hat{H}_{f,O_2}^{\circ} \\ &= 2(-241.8) - 2(0) - 0 \\ &= -483.6\ kJ/mol\end{aligned}$$

● 반응진행도 (ξ) 계산

수소분자의 반응을 기준으로 반응진행도를 계산하면 다음과 같다.

$$\dot{\xi} = \frac{\Delta n_i}{\nu_i} = \frac{-1 mole/s}{-2} = 0.5\, mol/s$$

● 생성기체의 현열 (sensible heat)

입력물질 (H_2, O_2, N_2)의 온도는 표준온도인 25℃이므로 현열 (sensible heat)을 고려해주지 않아도 된다. 그러나 출력물질 N_2, H_2O (g)의 온도는 100℃이므로 25℃-100℃ 사이 현열 (sensible heat)을 다음과 같이 계산한다.

$$\Delta H_s = \sum_{products} n_i \int_{25℃}^{100℃} \hat{C}_{p,i}\, dT$$

$$= \dot{n}_{N_2} \int_{25℃}^{100℃} \hat{C}_{p,N_2}\, dT + \dot{n}_{H_2O(g)} \int_{25℃}^{100℃} \hat{C}_{p,H_2O(g)}\, dT$$

$$= \frac{1.88 mol}{s} \int_{25℃}^{100℃} (29.0\times10^{-3} + 0.22\times10^{-5}T + 0.572\times10^{-8}T^2 - 2.87\times10^{-12}T^3)\,dT$$

$$+ \frac{1 mol}{s} \int_{25℃}^{100℃} (33.5\times10^{-3} + 0.688\times10^{-5}T + 0.76\times10^{-8}T^2 - 3.59\times10^{-12}T^3)\,dT$$

$$= 6.66\, kJ/s$$

● 전기에너지 생산속도 계산

위의 에너지 값들을 이용해서 출력흐름과 입력흐름 사이의 엔탈피 변화 ($\Delta\dot{H}$)를 계산한다.

$$\begin{aligned}\Delta\dot{H} &= \dot{H}_{outlet} - \dot{H}_{inlet} \\ &= \dot{\xi}\Delta\hat{H}_r^\circ + \Delta\dot{H}_s \\ &= \frac{0.5\,mol}{s} \cdot \frac{-483.6\,kJ}{mol} + \frac{6.66\,kJ}{s} \\ &\approx -235\,kJ/s \\ &= \dot{W}_s\end{aligned}$$

따라서 이 단열 연료전지의 이론적인 전기에너지 생산량 = 235 kW.

※ 계가 에너지를 생산하므로 $\dot{W}_s$값은 음의 부호를 갖는다.

※ 수소연료전지가 단열이 아닐 경우 연료전지로부터의 열손실량 ($\dot{Q}$)만큼 전기에너지 생산량 ($\dot{W}_s$)이 줄어든다.

$\dot{W}_s = -235\,kJ/s - \dot{Q} \quad \rightarrow \quad \dot{Q} < 0$이므로 $|\dot{W}_s| < 235\,kJ/s$

(예제) Methanol 연료전지의 에너지 수지

Methanol fuel cell이 단열상태에서 운전된다. 1 mol의 methanol (liquid)과 100% 과잉 공기가 25℃에서 fuel cell에 유입된다. Fuel cell 유출기체의 온도는 200℃이다. Methanol의 전환율은 100%이고 methanol의 산화 생성물은 CO_2 와 H_2O이다.

① Methanol의 산화반응식을 기술하시오.
② Fuel cell의 유출기체의 조성 (mol%)를 구하시오.
③ 이 연료전지 반응의 표준반응열 (standard heat of reaction)을 계산하시오.
④ 이 연료전지에서 생산될 수 있는 전기에너지의 양 (kW/mol methanol)을 계산하시오.

(풀이)

① 2 CH_3OH (l) + 3 O_2 → 2 CO_2 + 4 H_2O (g)

② 계산기준: 1 mol methanol

Air가 100% 과잉으로 공급되고 methanol의 전환율이 100%이므로

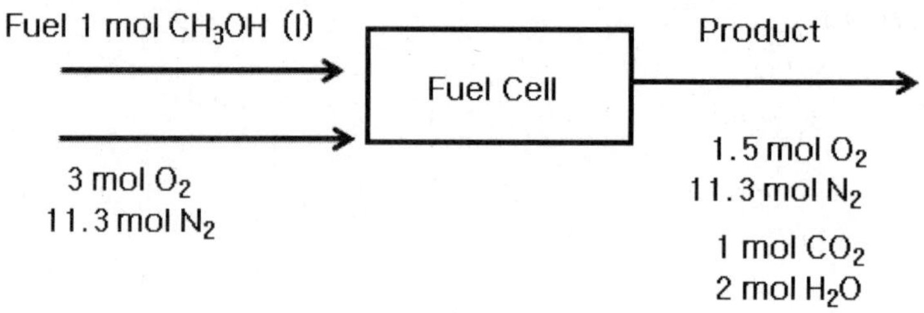

생성물의 조성

	mol	mol%
O_2	1.5	9.5
N_2	11.3	71.5
CO_2	1	6.3
H_2O (g)	2	12.7
total	15.8	100

③

$$\Delta \hat{H}_r^\circ = \sum_i \nu_i \Delta \hat{H}_{f,i}^\circ = 4\Delta \hat{H}_{f,\,H_2O(g)}^\circ + 2\Delta \hat{H}_{f,\,CO_2}^\circ - 2\Delta \hat{H}_{f,\,CH_3OH(l)}^\circ - 3\Delta \hat{H}_{f,\,O_2}^\circ$$

= -1277 kJ/mol

Methanol을 기준으로 한 반응진행도: $\xi = \dfrac{\Delta n_i}{\nu_i} = \dfrac{-1 mole/s}{-2} = 0.5\ mol$

④ 전기에너지 생산량

- 에너지수지식: $\Delta H = Q + W_s = W_s$

- 생성기체의 25℃ - 200℃ 사이 sensible heat:

$$\Delta H_s = \sum_{products} n_i \int_{25℃}^{200℃} \hat{C}_{p,i} dT$$

$$= 1.5 \int_{25℃}^{200℃} \hat{C}_{p,O_2} dT + 11.3 \int_{25℃}^{200℃} \hat{C}_{p,N_2} dT + \int_{25℃}^{200℃} \hat{C}_{p,CO_2} dT$$

$$+ 2 \int_{25℃}^{200℃} \hat{C}_{p,H_2O(g)} dT$$

$$\int_{25℃}^{200℃} \hat{C}_{p,O_2} dT = \int_{25℃}^{200℃} (29.1\times10^{-3} + 1.16\times10^{-5}T - 0.608\times10^{-8}T^2 + 1.31\times10^{-12}T^3) dT$$

= 5.31 kJ/mol

$$\int_{25℃}^{200℃} \hat{C}_{p,N_2} dT = \int_{25℃}^{200℃} (29.0\times10^{-3} + 0.22\times10^{-5}T + 0.572\times10^{-8}T^2 - 2.87\times10^{-12}T^3) dT$$

= 5.13 kJ/mol

$$\int_{25℃}^{200℃} \hat{C}_{p,CO_2} dT =$$

$$\int_{25℃}^{200℃} (36.1\times10^{-3} + 4.23\times10^{-5}T - 2.89\times10^{-8}T^2 + 7.46\times10^{-12}T^3) dT$$

= 7.08 kJ/mol

$$\int_{25℃}^{200℃} \hat{C}_{p,H_2O(g)} dT =$$

$$\int_{25℃}^{200℃} (33.5\times10^{-3} + 0.688\times10^{-5}T + 0.76\times10^{-8}T^2 - 3.59\times10^{-12}T^3) dT$$

$= 6.02\ kJ/mol$

$$\Delta H_s = \sum_{products} n_i \int_{25℃}^{200℃} \hat{C}_{p,i} dT = 1.5x5.31+11.3x5.13+7.08+2x6.02 = 85.1\ kJ$$

$$\begin{aligned} \Delta H &= W_s = \xi \Delta \hat{H}_r^\circ + \Delta H_s \\ &= 0.5\,mol \cdot \frac{-1277\,kJ}{mol} + 85.1\,kJ \approx -553.4\,kJ \end{aligned}$$

- 전기에너지 생산량 = 533.4 kJ

10.4 연료의 발열량 (Heating Value, HV)

Heating Value = 연료에 저장되어 있는 에너지의 양

- 연료의 25℃, 1 atm에서 완전연소반응

$$\text{Fuel} + O_2 \xrightarrow{\Delta H_c^o} \text{Combustion Products } (CO_2,\ H_2O\ ,...)$$

- Higher Heating Value (HHV, 고위 발열량 또는 총 발열량)

  연료의 연소에 의해서 생성된 H_2O (l)가 액체상태일 때 -ΔH_c^o값

- Lower Heating Value (LHV, 저위 발열량)

  연료의 연소에 의해서 생성된 H_2O (g)가 기체상태일 때 -ΔH_c^o값

- $HHV = LHV + n\Delta \widehat{H}_v (H_2O, 25℃)$

  $\Delta \widehat{H}_v (H_2O, 25℃) = 44\,kJ/mol$ (물의 25℃에서 증발열)

  n = 완전연소반응에 의해서 생성된 H_2O의 몰수

- LHV < HHV

(예제) 혼합 액체연료의 발열량 계산

80 mass% ethanol (MW = 46)과 20 mass% methanol (MW = 32)로 이루어진 액체연료 1 kg의 lower heating value (LHV)와 higher heating value (HHV)를 kJ/kg 단위로 계산하시오. $\Delta \widehat{H}_v (H_2O, 25℃) = 44\, kJ/mol$

(풀이)

계산기준 (Basis): 1 kg 혼합 액체연료

연소반응

$$C_2H_5OH + 3O_2 = 2CO_2 + 3H_2O \text{ (l)}$$

$$CH_3OH + 1.5O_2 = CO_2 + 2H_2O \text{ (l)}$$

$$HHV = -\Delta \widehat{H}_c^o$$

$$LHV = HHV - n\Delta \widehat{H}_v (H_2O, 25℃) = HHV - n \times 44\, kJ/mol$$

성분	MW	mass g	mol	n	$\Delta \widehat{H}_c^o (25℃)^*$ kJ/mol	HHV kJ/mol	LHV kJ/mol
Ethanol	46	800	800/46=17.4	3	-1366.9	1366.9	1234.9
Methanol	32	200	200/32=6.25	2	-726.6	726.6	638.6

* 표준온도 25℃에서 연소반응에 의해서 생성된 H_2O (l)는 액체이다.

● 혼합 액체연료 1 kg의 발열량

HHV (1 kg fuel) = 1366.9 x 17.4 + 726.6 x 6.25 = 28314 kJ/kg

LHV (1 kg fuel) = 1234.9 x 17.4 + 638.6 x 6.25 = 25468 kJ/kg

(예제) 혼합 기체연료의 발열량 계산

기체 연료의 조성이 부피%로 85% CH_4과 15% C_2H_6이다. 각 성분의 25℃에서 연소열이 다음과 같을 때, 이 연료 1 g의 고위발열량 (HHV, kJ)을 계산하시오.
$\Delta \widehat{H}_v (H_2O, 25℃) = 44\, kJ/mol$

CH_4 (g) + 2 O_2 ---> CO_2 + 2 H_2O (v) ΔH_c^o = -802 kJ/mol

C_2H_6 (g) + 7/2 O_2 ---> 2 CO + 3 H_2O (v) ΔH_c^o = -1428 kJ/mol

(풀이)

계산기준 (Basis): 혼합연료 1 mol

● 1 mol 혼합연료의 조성 (질량분율)

	분자량	mol	g	질량분율
CH_4	16	0.85	0.85 x 16 =13.6	x_{CH4} = 13.6 / 18.1 = 0.751
C_2H_6	30	0.15	0.15 x 30 = 4.5	x_{C2H6} = 1 - 0.751 = 0.249
total		1.00	18.1	

● 연소반응에 의해서 생성된 H_2O (v)가 vapor이므로 LHV = $-\Delta H_c^o$

• 각 연료성분의 고위발열량

$$HHV_{CH_4} = LHV_{CH_4} + n\Delta \widehat{H}_v (H_2O, 25℃) = (802 + 2(44.013))\frac{kJ}{mol}\frac{1\,mol}{16\,g} = 55.6\,kJ/g$$

$$HHV_{C_2H_6} = LHV_{C_2H_6} + n\Delta \widehat{H}_v (H_2O, 25℃) = (1428 + 2(44.013))\frac{kJ}{mol}\frac{1\,mol}{30\,g} = 52.0\,kJ/g$$

• 혼합연료의 고위발열량

$$HHV_{mixture} = \sum_i x_i HHV_i = 0.751 \times \frac{55.6\,kJ}{g} + 0.249 \times \frac{52.0\,kJ}{g} = 54.7\,kJ/g$$